澳洲坚果
初加工技术

◎ 杜丽清 等 编著

中国农业科学技术出版社

图书在版编目（CIP）数据

澳洲坚果初加工技术 / 杜丽清等编著 . — 北京：中国农业科学技术出版社，2020.7

ISBN 978-7-5116-4844-0

Ⅰ . ①澳… Ⅱ . ①杜… Ⅲ . ①澳洲坚果—食品加工 Ⅳ . ① TS255.6

中国版本图书馆 CIP 数据核字（2020）第 116871 号

责任编辑　李　雪　徐定娜
责任校对　马广洋

出　版　者　中国农业科学技术出版社
　　　　　　北京市中关村南大街 12 号　邮编：100081
电　　　话　（010）82109707（编辑室）　（010）82109702（发行部）
　　　　　　（010）82109709（读者服务部）
传　　　真　（010）82109707
网　　　址　http://www.castp.cn
发　　　行　各地新华书店
印　刷　者　北京科信印刷有限公司
开　　　本　710 mm×1 000 mm　1/16
印　　　张　9
字　　　数　161 千字
版　　　次　2020 年 7 月第 1 版　2020 年 7 月第 1 次印刷
定　　　价　48.00 元

内容简介

本书内容主要为作者多年科研工作的积累，部分参考、引用了国内外同行的最新研究进展。书中的数据、结论和建议仅供社会各界参考，不足之处在所难免，恳请读者批评指正。

《澳洲坚果初加工技术》
编著人员

主 编 著	杜丽清		
副主编著	帅希祥	涂行浩	
编 著	杜丽清	涂行浩	帅希祥	马飞跃
	张 明	曾 辉	邹明宏	施 蕊
	邓 旭	乔 健	陈 妹	

前　言

　　澳洲坚果（*Macadamia integrifolia*），又称夏威夷果、澳洲核桃、昆士兰坚果等，属山龙眼科（Proteaceae）澳洲坚果属（*Macadamia*）常绿乔木果树，原产于澳大利亚昆士兰州东南部和新南威尔州北部、南纬25°～31°的沿海亚热带雨林，后引种到南非、亚洲等地，目前已在世界范围广泛种植。全球的澳洲坚果产量约为4.4万t，其中，约86%来自澳大利亚、南非、肯尼亚、美国和马拉维，澳大利亚是世界上澳洲坚果产量最大的国家。

　　澳洲坚果是当今世界新兴果树之一，其果为蓇葖果，绿色、近似球形，是一种油脂含量高、口感香脆且具有浓郁香味的优质食用坚果，果实包括果皮、种壳和种仁3个主要组成部分。食用部分为种仁，可生吃，也可烘烤后食用，带有天然奶油香味，风味极佳，是世界上品质最佳的食用干果之一，享有"干果之王"的美称。坚果直径通常为22～28 mm，鲜果重7～11 g，密度560～673 kg/m³。澳洲坚果外果皮和中果皮开成纤维质的果荚，厚2～3 mm，成熟时果荚颜色加深并开裂。内果皮与种皮硬化成褐色果壳，厚2～5 mm，非常坚硬且多孔，密度相对较小，强度相对较大。澳洲坚果果仁呈扁球状，一般为乳白色，干重2～3 g，紧附在果壳内侧。

1

澳洲坚果果皮为青绿色，占果实鲜重的 45%～60%，是澳洲坚果初加工后的副产物，绝大部分被丢弃，仅有少量用作肥料或动物饲料，几乎未得到有效利用。研究表明，澳洲坚果果皮含有 14% 适于鞣皮的鞣质，含有 8%～10% 的蛋白质，粉碎后可混作家畜饲料，也含有 1%～3% 的可溶性糖和单宁，可应用于医药、皮革、印染和有机合成工业。

澳洲坚果种壳呈褐色，约占带壳果干重的 2/3，富含粗纤维和生物活性物质，从澳洲坚果壳中提取出的黄酮类化合物和多糖具有较强的抗氧化活性，种壳也可用来制作活性炭、滤料或建材。

澳洲坚果种仁为果实的胚，呈乳白色或乳黄色球状，为澳洲坚果的可食部分。澳洲坚果果仁营养丰富，脂肪含量 65%～80%，远高于花生（44.8%）、腰果仁（47%）、杏仁（51%）和核桃（63%）等坚果，其中，不饱和脂肪酸占总量的 80% 以上，是果仁中唯一富含棕榈油酸的木本坚果类果树。澳洲坚果果仁蛋白质含量约为 9%，果仁蛋白质共含 18 种氨基酸，且其中 8 种为人体所必需的氨基酸。此外，澳洲坚果果仁还含有丰富的钙（53.40 mg/100 g）、磷（24.08 mg/100 g）、铁（1.99 mg/100 g）、核黄素（0.119 mg/100 g）和烟酸（1.6 mg/100 g）等微量元素和生物活性物质，有助于降低血液胆固醇、预防肝脏和心脏疾病的发生。

澳洲坚果果仁一般以带壳果实经过烤制、盐焗、脱壳等加工方式制得，也可作为附加物添加到其他食品制作中去，如澳洲坚果牛奶、巧克力、糕点、糖果等；还可以用来制取营养丰富、抗氧化性能优良的澳洲坚果油，如澳洲坚果食用油、护肤美容基础油等。

澳洲坚果油一般经冷榨法制取，制得的初榨油色泽金黄，且带有浓郁的坚果香味，是一种高级天然食用油。压榨一次后的部分脱脂原料可经二次榨油或溶剂制油，得到精炼坚果油，精炼油呈轻微气味的淡黄色，可作为基础油用于化妆品行业。榨油后的副产物为脱脂澳洲坚果粕，蛋白质含量约占 30%，必需氨基酸含量高，而且氨基酸配比符合人体营养需求，具有很高的营养价值。目前，澳洲坚果脱脂副产物主要用作动物饲料，Balogun 等研究了澳洲坚果粕作为蛋白质来源添加在罗非鱼饲料中，结果表明，澳洲坚果粕 50% 替代大豆蛋白作为鱼的膳食补充剂；也有极少部分脱脂果粕出售作为食品添加成分，应用于焙烤食品与饮料的生产中。

我国约在 1910 年引入澳洲坚果，最先引种在我国台北植物园作为标本树。1979 年，中国热带农业科学院南亚热带作物研究所开始进行澳洲坚果的引种试种研究。经多年研究与推广，至今已在我国华南七省（区）推广种植面积 20 万 hm²[①]，年产壳果约 600 t，主要分布在云南和广西[②]，且种植面积还在迅速增加。

近年来，随着我国人民消费水平的提高和澳洲坚果产量的扩大，澳洲坚果精深加工逐渐被报道，越来越多的研究致力于澳洲坚果油及从榨油后的果粕中提取蛋白质、多糖等活性物质并分析其特性，这不仅为澳洲坚果的深加工奠定了理论基础，也提高了产品的经济效益和附加值，为增加农民收入、振兴澳洲坚果产业发挥了重要作用。

编著者

2020 年 2 月

---

① 1 公顷 =15 亩，1 亩 ≈667m²，全书同。

② 广西壮族自治区的简称，全书同。

目　录

第一章
澳洲坚果起源与分布

第一节　澳洲坚果的起源与种类

一、澳洲坚果的起源

澳洲坚果（*Macadamia integrifolia*）又称夏威夷果、澳洲核桃、昆士兰坚果等，是山龙眼科（Proteaceae）澳洲坚果属（*Macadamia*）常绿乔木果树，原产于澳大利亚昆士兰州东南部和新南威尔州北部、南纬25°～31°的沿海亚热带雨林。

二、澳洲坚果的种类

山龙眼科（Proteaceae）大约60个属，1 300个种，其中澳洲坚果属有22个种（表1–1），分布于澳大利亚、新喀里多尼亚、马达加斯加、苏拉威西岛等地区的热带雨林。原产澳大利亚的有10个种，原产新喀里多尼亚的有6个种，原产马达加斯加的有1个种，原产西里伯岛的有1个种。在这些种类中，可食用且已被商业性栽培的只有2个种，即光壳种（*Macadamia integrifolia*）和粗壳种（*Macadamia tetraphylla*）以及它们的杂交种（*M. integrifolia* × *M. tetraphylla*），其他的种因果仁小、味苦，内含氰醇甙而不能食用。

表 1-1 世界澳洲坚果属名录

序号	种名	序号	种名
1	*Macadamia alticola* Capuron	12	*M. lowii* F. M. Bailey
2	*M. angustifolia* Virot	13	*M. minor* F. M. Bailey
3	*M. claudiensis* C. L. Gross & B. Hylan	14	*M. neurophylla* (Guillaumin) Virot
4	*M. erecta* J. A. McDonald & Ismail	15	*M. praealta* (F.Muell.) F. M. Bailey
5	*M. francii* (Guillaumin)Sleumer	16	*M. rousselii* (Viel1.) Sleumer
6	*M. grandis* C. L. Gross & B. Hyland	17	*M. ternifolia* F. Muell.
7	*M. heyana* (Bailey) Sleumer	18	*M. tetraphylla* L. A. S. Johnson
8	*M. hildebrandii* Steenis	19	*M. verticillata* F. Muell ex Benth
9	*M. integrifolia* Maiden & BetcbeBetche	20	*M. vieillardii* (Brongn. & Gris) Sleumer
10	*M. jansenii* C. L. Gross & P. H. Weston	21	*M. whelanii* (F. M. Bailey) F. M. Bailey
11	*M. leptophylla* (Guillaumin) Virot	22	*M. yongiana* (F. Muell.) Benth

资料来源：The International Plant Names Index（IPNI）和 Australian Plant Name Index（APNI）。

最有商业性栽培或观赏价值的 5 个品种主要性状如下。

（1）全缘叶澳洲坚果（*M.integrifolia* Maiden & Betche）俗名：澳洲坚果、光壳澳洲坚果。

原产澳大利亚昆士兰大分水岭东海岸热带雨林、南纬 25°～31°，即昆士兰州和新南威尔士州边界的 Mcpherson 山脉 Numibah 河谷以北至 Mary 河下游，相间约 442km 长、宽 24km 的地带。本种树冠高达 18 m，宽 15 m，小枝颜色比三叶种（*M. ternifolia*）淡，新梢淡绿色，叶倒披针形或倒卵形，叶长 10.2～30.5 cm，宽 2.5～7.6 cm，有叶柄，叶全缘或几乎全缘，叶顶端圆形。三叶轮生，偶见四叶轮生，小实生苗和新梢有二叶对生现象。花序长 10.2～30.5 cm，着花 100～300 朵，花白色。果实成熟高峰期，在澳大利亚为 3—6 月，夏威夷为 7—11 月，加利福尼亚为 11 月至翌年 3 月，广东湛江为 8 月中至 9 月底。此外，老树一年中几乎每个月都有零星开花结果现象，所以，有时亦称这个种为"连续结果种"。果圆形，果皮无绒毛，呈亮绿色。果壳光滑，壳果直径 1.3～3.2 cm，果仁味香，白色，质量很高。目前商业性栽培的绝大多数品种来源此种。

（2）四叶澳洲坚果（*M.tetraphylla* L. A. S. Johnoson）俗名：澳洲坚果、粗壳澳洲坚果、刺叶澳洲坚果。

原产澳大利亚大分水岭东面热带雨林、南纬 28°～29°，即昆士兰州东南部 Coomera 河和 Nerang 河以南至新南威尔士州东北的 Richmont 河，距离约 120 km 的地带。

树冠开张，高达 15 m，宽 18 m，小枝暗黑色，但颜色又比三叶澳洲坚果稍淡，新梢嫩叶呈红色或粉红色，偶见因缺花青甙色素而变淡黄绿色，叶倒披针形，叶长 10.2～50.8 cm，宽 2.5～7.6 cm，无叶柄或近无叶柄，叶缘多刺，叶顶端尖，四叶轮生，偶见三叶或五叶轮生，小实生苗二叶对生，花序着生在老态小枝上，一般枝条顶部最早成熟的节先抽生花序，花序长 15.2～20.3 cm，着花 100～300 朵，花鲜粉红色，偶见个别单株因花青甙色素而花变乳白色。果实成熟高峰期，在澳大利亚为 3—6 月，夏威夷为 7—10 月，加利福尼亚为 9 月至翌年 1 月，广东湛江为 8 月中旬至 9 月底，一年只结一次果。果椭圆形，果皮灰绿色，密生白色短绒毛。果壳粗糙，壳果直径 1.2～3.8 cm，果仁颜色比光壳种深，果仁质量和质地变化较大。该种也具有重要的商业栽培价值，耐寒力比光壳种强，若作为砧木，比其他种生长快且整齐，更抗樟疫霉菌（Phytophthora）引起的根病。由于果仁质量变化较大，最好种植经选育的品种。

（3）三叶澳洲坚果（*M. ternifolia* F. Mueller）俗名：昆士兰小坚果。

原产澳大利亚大分水岭东面热带雨林、南纬 26°～27°30′，即昆士兰州布里斯班西北的派因河至京比地区的 KinKin，距离约 119 km 的地带。

该种易与别的种混淆，很难精确地加以描述。树型较小，树冠高和宽均极少能超过 6.5 m。特点是多主干，多分枝，小枝暗黑色，新梢红色，叶披针形，叶小，长不超过 15.2 cm，有叶柄，叶缘有刺，三叶轮生，实生小苗可能仅二叶对生。花序小，长 5.1～12.7 cm，着花 50～100 朵，粉红色。果实成熟高峰期，在澳大利亚为 4 月，加利福尼亚为 11 月。果皮灰绿色，有浓密的白色茸毛，果壳光滑，壳果直径 0.95～0.61 cm。果仁苦，味道不好，目前仅作观赏植物。

（4）极高澳洲坚果［*M. Prealta*（F. Muell）F. M. Bailey］又称球状坚果。原产新南威尔士州北部至昆士兰州之间的雨林，果大，直径 5 cm，内含 1 或 2 个壳果，壳比其他种薄，其商业栽培可能性还未知，但很可能适合将来发展。

（5）魏兰氏澳洲坚果（*M. Whelanii* F. M. Bailey）原产澳大利亚昆士兰和新南威尔士州之间的雨林，通常叶全缘，生果仁有毒，但原产地土著人把果仁烘烤后食用。目前还未有商业性栽培。

第二节　澳洲坚果的栽培历史

澳洲坚果的起源可以追溯到 19 世纪中期，由于澳洲坚果的营养丰富，当时的澳洲土著居民经常采食这种坚果的果仁。1857 年，植物学家 W·希尔和冯·穆勒在昆士兰州莫里顿湾发现并采集了这种树，并建立了山龙眼科新属——澳洲坚果属（*Macadamia*）。后来，植物学家冯·穆勒在澳大利亚建立了诸多小型的澳洲坚果园。19 世纪末，美国的航海船员和园艺学家从澳大利亚带回了一些种子，并在夏威夷播种。1984 年后，优良的品种开始不断被推出，大大地推动了商业性澳洲坚果园的发展，所以，真正意义上的澳洲坚果商品生产实际上是从 20 世纪五六十年代开始。经过 150 年的引种栽培，澳洲坚果种植区域逐渐扩大，已经成为新兴的特色产业。

一、澳大利亚

1828 年，澳大利亚探险家最早发现澳洲坚果树生长在热带雨林。里希哈特（Friedrich Wilhelm Ludwig Leichhardt，1813—1848）于 1843 年首次采集到 *Macadamia* 属的标本，但并没有描述；标本保存在墨尔本植物园的标本室中。1857 年初，澳大利亚著名植物学家穆勒（Baron Sir Ferdinand Jakob Heinrich Von Mueller，1825—1896。1857 年任墨尔本植物园园长；1861 年任伦敦皇家学会会士，并获得皇家奖章）和苏格兰植物学家希尔（Walter Hill，1820—1904。布里斯班植物园的首任园长），在昆士兰莫尔顿湾（Moreton Bay）派因河（Pine River）附近的丛生灌木林中发现了这一植物，1858 年穆勒把它命名为三叶澳洲坚果（*Macadamia ternifolia* F. Mueller）；穆勒也同时建立了澳大利亚 *Macadamia* 这个特有属。1858 年希尔在布里斯班河岸成功进行了首次人工种植。约 1888 年，斯塔夫（Charles Staff）在新南威尔士州利士莫（Lismore）附近的 Rous mill

建立起了 1.2 hm² 的世界第一个商业性澳洲坚果园。当时，澳大利亚的澳洲坚果商业性种植完全依赖于夏威夷选育的品种，然而夏威夷和澳大利亚的气候条件不同，夏威夷品种在澳大利亚的表现没有一个比得上在夏威夷本土的表现。20世纪 40 年代，澳大利亚开始注重培育适合本国种植的澳洲坚果新品种。1948 年开始澳洲坚果育种工作，先后对近 1 万个入选材料进行了筛选，已选出以 Own Choice、H2、A4、A16 等为代表的优良品种或单株 90 多个，为本国澳洲坚果产业发展奠定了良好基础。目前，澳大利亚推荐种植 12 个品种为：HAES 246、HAES 783、HAES 849、HAES 816、HAES 842、HAES 814、HAES 741、HAES 344、HAES 705 和澳大利亚本土选育的 Daddow、A4、A16。

二、美　国

1880 年美国加州大学从澳大利亚引入澳洲坚果，作为观赏树在校内栽种。1881 年普尔维斯（William Herbert Purvis，1858—1952）将澳洲坚果第一次引入夏威夷；1892 年乔丹兄弟（Robert Alfred Jordan，1842—1925；Edward Walter Jordan，1850—1925）重新将澳洲坚果引入；1891—1895 年夏威夷农业土地委员会（the Territorial Board of Agriculture）再次引入。1922 年试图作商业化栽培，但未成功。

1934 年，美国夏威夷大学热带农业与人类资源学院（CTAHR）农业试验站（HAES）的 J. H. Beaumount 和 R. H. Moltzau 启动澳洲坚果品种选育计划，1948 年，W. Storey 从 2 万株实生结果树中选育出了 5 个澳洲坚果品种。到 1990 年，CTAHR 已从 12 万株实生树的初选编号植株中选育命名了 14 个品种。1937 年，W. W. Jones 和 J. H. Beaumont 在 *Science* 杂志上报告了澳洲坚果枝条中营养的积累方式，这为通过嫁接繁育优良品种打下了基础。从此之后，夏威夷的澳洲坚果产业进入产业化发展轨道。通过多年的品种区域性试验，CTAHR 于 20 世纪 80 年代初推荐了 HAES 294、HAES 344、HAES 508、HAES 660、HAES 741、HAES 788 和 HAES 800 等品种供夏威夷生产上使用。这 7 个品种的平均单个果仁重 2.8 g，出仁率 40.4%，一级果仁率 96%。1990 年，CTAHR 又推荐 HAES 790 作为夏威夷商业性种植的品种。1990 年以后，夏威夷再无新的商业品种发布，种植面积也没有新的增加。目前，就品种使用的情况而言，HAES 344 是主要的栽培种，占夏威夷澳洲坚果总面积的32%（个别农场高达50%）；其次为HAES 246（占16%）、HAES 333（占15%）、HAES 660（占9%）、HAES 508（占7%）等，其中最早的品种HAES 246、HAES 333和HAES 508正逐步为HAES 344所替代。目前，澳洲坚果产业已经发展成为美国夏威夷州的第三大产业，被几家实力雄厚的公司垄断经营，从种植、收购到加工、销售形成了一整个系统，推出的产品从带壳坚果到果仁粉，生产过程已形成产业化、系列化。

三、中 国

中国最早引种澳洲坚果约在1910年，种植在台北植物园作为标本树；1931年台湾嘉义农业试验站又从夏威夷引入种子和实生苗500株试种，1954年和1958年又两次引入，并分发了少量供民间种植；1940年，前岭南大学也从夏威夷引入少量种子和实生苗种植于广州。但由于引入的实生树产量低，品质差异大，果仁率低，未形成商品化生产。

1979年，中国热带农业科学院南亚热带作物研究所（简称南亚所）首次从澳大利亚引入9个品种的嫁接苗：Keauhou（HAES 246）、Ikaika（HAES 333）、Kau（HAES 344）、Kakea（HAES 508）、Keaau（HAES 660）、Mauka（HAES 741）、Makai（HAES 800）、Hinde（H2）、Own Choice（O. C），共1 353株。除部分在隔离观察期间死亡外，南亚所种植520株，余下部分分送广西、四川、云南省（区）等相关单位试种。

1988年，夏威夷大学教授P. J. 伊托又赠送南亚所7个品种：Purvis（HAES 294）、Beaumont（HAES 695）、Pahala（HAES 788）以及HAES 344、HAES 660、HAES 741、HAES 800等品种的芽条，其中4个品种与从澳大利亚引入相同。

1992年，南亚所从澳大利亚堪培拉种质资源库引进澳洲坚果种子1 kg，育出125株。1998年，南亚所孙光明研究员赴澳大利亚做访问学者，又从澳大利亚引进Yonik、Cron Venture、Winks、814、NG18、HAES 783、DAD、HAES 922、HAES 842、B374 10个品种芽条。

从1979年开始，南亚所先后在广东沿海布置了15个试种点。这些试种点由于大都地处台风区，除了南亚所所部和揭阳卅岭农场外，其他试种点或者由于建设占用或者由于台风破坏，到1996年基本毁坏，失去调查价值，广东省引种试种基本宣告失败。

1980年初，中国广东、广西、海南、云南、贵州、四川、福建等省区不少单位也开始引入优良品种试种，澳洲坚果因此成为中国南方各省区20年来引种试种最热门的果树之一。局部地区进行了大规模发展引种试种，但主要分布在云南和广西。

随后，南亚所把发展重点向云南、广西转移。1987年9月，最早在广西灵山县开始商业性澳洲坚果种植，这是我国最早开始商业化种植的澳洲坚果园；1994年，种植面积达到57 hm^2。1990年9月，广西扶绥县种植了80 hm^{2}澳洲坚果。1988年8月和1991年7月，云南省人民政府开发热带经济作物领导小组办公室（简称云南省热区办）和云南省农垦总局两次从南亚所引进澳洲坚果嫁接苗2 100株，分别在思茅、德宏、西双版纳、红河等地州试种。1998年澳洲坚果种植面积120 hm^2。

中国澳洲坚果育种才刚刚起步，目前，生产上主要应用的是从澳大利亚和美国夏威夷引进的品种。国内主要从事澳洲坚果育种工作的单位主要集中在中国热带农业科学院南亚热带作物研究所、广西壮族自治区亚热带作物研究所和云南省热带作物科学研究所等单位，至今已收集到实生优良单株100多个，已经选育出南亚1号、南亚2号、南亚3号、南亚12号、南亚116号、桂热1号等系列澳洲坚果品种。

四、南　非

20世纪30年代，南非开始从夏威夷、澳大利亚和美国加利福尼亚州引进澳洲坚果品种，用于建设第一批果园。夏威夷的HAES 246、HAES 344、HAES 660、HAES 741、HAES 788、HAES 791、HAES 800、HAES 814、HAES 816和澳大利亚的A4、A16等品种在南非的品种结构中占很高的比例。70年代后，南非的苗圃开始通过无性繁殖培育良种苗木。之后，在南非的ITSC和Nelspruit开展适合当地种植的品种选育工作，通过40多年的实生选种，选育出最受欢迎的本地品种Nelmak 2和Nelmak 26。通过多年的品种区域性试验，Allan于1997年推荐了4个品种，即HAES 788（Pahala）、HAES 800（Makai）、HAES 741（Mauka）和HAES 816供生产上应用。1999年，南非种植最多的5个品种为

HAES 695、HAES 344、HAES 791、HAES 788 和 N2，占总种植面积的 72%。

五、南美洲

南美洲澳洲坚果生产国包括巴西、哥伦比亚、巴拉圭、厄瓜多尔、玻利维亚等国家。

巴西：1935 年，巴西首次从夏威夷引进澳洲坚果进行试种。1955 年开展 IAC 初步研究。1974 年建立 Minas Gerais、São Paulo 和 Bahia 澳洲坚果种植园开始商业化种植。1982 年又建立 Espírito Santo 和 Rio de Janeiro 澳洲坚果种植园。1985 年开始进行澳洲坚果加工建立 Started Limeira（SP）。1994 年建立"干果皇后"澳洲坚果（SP）。截至 2018 年，共有 7 个州种植澳洲坚果，共计果树 150 万棵，种植面积达 6 800 hm²，壳果（含水量 1.5%）产量为 6 200 t。

哥伦比亚：1969 年，哥伦比亚开始从佛罗里达州引进澳洲坚果种子进行试种。1986 年，又从哥斯达黎加引进夏威夷品种进行种植。1996 年开始进行澳洲坚果加工。截至 2018 年，种植面积达 1 100 hm²，壳果（含水量 1.5%）产量为 1 000 t。

巴拉圭：1960 年，巴拉圭首次从加利福尼亚引进澳洲坚果进行试种。1963 年又引进一些夏威夷品种。1966 年建立第一座商业性澳洲坚果种植园开始商业化种植。1992 年，巴拉圭农业部从巴西引进了澳洲坚果品种 344、660 和 741 进行种植。截至 2018 年，种植面积达 1 000 hm²，壳果（含水量 1.5%）产量为 900 t。

厄瓜多尔：1970 年，厄瓜多尔首次引进澳洲坚果进行试种。1986 年，又从哥斯达黎加引进澳洲坚果进行种植。1990 年开始商业种植 8 000 棵夏威夷品种 HAES 246、HAES 344、HAES 508 和 HAES 660 嫁接苗，截至 2018 年，种植面积达 250 hm²，壳果（含水量 1.5%）产量为 50 t。

玻利维亚：1965 年，玻利维亚开始从夏威夷引进澳洲坚果种子进行试种。1967 年，又从夏威夷引进夏威夷澳洲坚果品种进行试种。2000 年开始进行澳洲坚果加工。截至 2018 年，种植面积达 200 hm²，壳果（含水量 1.5%）产量为 30 t。

六、越 南

1994 年，越南首次从澳大利亚引进澳洲坚果树在 Ba Vi 苗木研究中心种植，之后开始大面积发展澳洲坚果。目前，越南全国有 800 家种植户和 30 家企业

（大、中、小型）种植和管理澳洲坚果。全国澳洲坚果种植面积 8 000 hm²，其中，间作面积 6 000 hm²，单作面积 2 000 hm²，种植澳洲坚果树 140 万棵；建立生产合格嫁接苗苗圃 5 个，每年生产嫁接苗能力 300 万株；建立年生产 10～30 t 壳果小型加工厂 9 个，在国内市场集中交易，供不应求。截至 2017 年，澳洲坚果种植面积达 8 000 hm²，壳果（含水量 1.5%）产量为 600 t。

近年来，世界各国澳洲坚果种植宜植地带都在积极发展这一新兴果树。目前，澳洲坚果主产区主要分布在美国、澳大利亚、肯尼亚、南非、哥斯达黎加、危地马拉、中国、巴西等国，其他生产国斐济、新西兰、马拉维、津巴布韦、坦桑尼亚、埃塞俄比亚、委内瑞拉、墨西哥、秘鲁、萨尔瓦多、牙买加、古巴、印度尼西亚、泰国、以色列等也有少量种植。澳洲坚果在中国于 1988 年首次进入云南，在云南省政府、临沧市委政府的支持下，龙头企业和协会以良种、良法示范带动广大种植户发展澳洲坚果产业，云南临沧已把澳洲坚果作为当地支柱产业和特色产业来发展，据统计，截至 2018 年 12 月底，临沧种植面积达 2 万 hm²，已成为中国澳洲坚果的主要产地。广东阳江和云浮也把澳洲坚果当作替代柑橘类作物的主要品种，正在阳春、郁南等地大面积发展。

第三节　主要生产国澳洲坚果的产量与种植面积

一、产　量

2017 年，全球澳洲坚果产量近 20 万 t。澳洲坚果主要生产国为澳大利亚、南非、肯尼亚、美国。其中，2015 年南非的澳洲坚果产量为 4.6 万 t，位居世界第一。但 2016 年，由于受到干旱气候的影响，南非澳洲坚果产量有所下降。2017 年产量再次跃居领先位置，达 4.4 万 t。同时，南非当地澳洲坚果种植面积逐步扩大，由 2013 年的 1 250 hm² 增长到 2017 年的 5 000 hm²，4 年内扩大300%。南非的澳洲坚果出口到世界上很多国家，中国是最大的出口国。近年来，南非的澳洲坚果种植面积逐年增长，但仍然是以农民分散种植为主。为了产业最大限度地惠及普通种植户，政府部门及科研机构开始给予农民资助扶持，确保种植面积能够"变现"。

二、种植面积

主要生产国澳洲坚果的产量与面积见表 1-2。截至 2018 年 12 月底,中国澳洲坚果种植面积已达 19.24 万 hm²,其中云南种植面积 17.48 万 hm²,广西 1.67 万 hm²,除云南、广西外,贵州、广东、四川等地也在积极规划发展中。2017 年,云南省的澳洲坚果鲜壳果产量为 1.5 万 t,2018 年,鲜壳果产量超过 2 万 t。据预测,中国的澳洲坚果种植面积还会进一步增加,达到一定规模后趋于稳定,产量稳步上升,并维持在一定水平。市场消费也处于逐年稳定上升状态,一部分产品会出口销售,以适应全球消费增长的需求。

表 1-2 主要生产国澳洲坚果的产量与面积

项目	2017 年		2018 年	
	面积 (万 hm²)	产量 (万 t)	面积 (万 hm²)	产量 (万 t)
澳大利亚	1.75	4.30	—	4.45
南非	3.25	4.46	—	5.40
肯尼亚	1.75	3.05	—	3.25
美国	0.82	1.79	—	1.55
中国	6.50	1.00	—	1.80
危地马拉	—	1.03	—	1.10
马拉维	—	0.46	—	0.54
巴西	0.06	0.45	—	0.62
哥伦比亚	—	0.10	—	0.12
越南	—	0.08	—	0.15
新西兰	—	0.02	—	0.02
斯威士兰	—	0.01	—	0.01
其他国家	—	1.90	—	2.00
世界总量	—	18.66	—	21.01

注:"—"为未统计,数据来源于相关文献报道。

第二章
澳洲坚果成分分析

第一节　澳洲坚果果实结构

澳洲坚果果实为蓇葖果，绿色，球形，直径 25 mm 或更大。绿色果皮厚约 3 mm，果实成熟时，果皮沿缝合线开裂，露出一只球形种子，少数情况为两只半球形种子，各在开裂的每一裂片内。种子通常称澳洲坚果，即带壳果，圆形，咖啡色，非常坚硬，由 2 ～ 5 mm 厚的硬壳和种仁组成（图 2-1）。

带皮果　　　　　　　　壳果　　　　　　　　果仁

图 2-1　澳洲坚果果实结构

一、果皮（也叫青皮）

果皮由一层深绿色、表面非常平滑的纤维状外果皮和一层较软而薄的内果皮组成，外果皮由薄壁组织（带有众多的具分枝的维管束）和一表皮层（一内含叶绿素细胞薄层）组成。内果皮的薄壁组织充满了像鞣酸似的黑色物，但无维管束，内果皮由白色转棕色至棕黑色，表明果实已成熟，这是生产上常用来检查果实成熟度一种简单而直观的方法。在果实成熟时，果皮占整鲜果重量的45% ～ 60%。

二、果壳（也叫种皮）

果壳由外珠被发育而来，并形成坚果的壳，且有明显的两层。外层厚于内层15倍，由非常坚硬的纤维厚壁组织和石细胞构成。内层有光泽，深棕色部分靠近脐点，约占内表面一半以上，而珠孔那一半像釉质，呈乳白色。棕色部分（在较宽的一端）具有扁平致密的细胞，像在果皮内层细胞一样充满一种棕色的沉积物。珠孔周围乳白色部分由外珠被内表皮发育而来的细胞层组成，这层细胞类似未发育的内珠被。在壳果中，果壳占整壳果（含水量1.5%）重量的62% ～ 68%。

三、果　仁

果仁由两片肥大的半球形子叶和一个几乎是球形的微小胚组成，胚嵌在子叶之间种子靠萌发孔一端，由胚芽、胚根、胚轴组成，果仁乳白色，上部较平滑，下部较粗糙，有纵行凸起条棱。

第二节　澳洲坚果果实主要成分的积累

一、澳洲坚果果实生长发育进程

澳洲坚果子房内第一个胚珠受精后，第二个胚珠受抑制败育。但偶尔也有在1个果实中发育成2个种子的，使种子成半球形（图2-2）。从形态上看，澳洲坚果果实的发育基本可以分为5个阶段。

第一阶段（花后约30 d），果实直径在1 cm以下，果实外形已基本形成，从

图 2-2　澳洲坚果果实横切面

横切面看外果皮外部绿色，但内部呈黄绿色且具明显的条状纤维。果壳虽已形成，但仍软，呈白色。胚乳成透明糊状物且未充满果腔。

第二阶段（花后 40 ~ 50 d），果实直径 1.5 cm 左右，这时果壳内层呈淡黄色，外层仍呈白色，子叶明显增浓成半透明糊状物，基本充满果腔。

第三阶段（花后 50 ~ 60 d），果实直径 2.0 cm 左右，果壳内层呈黄色，果仁明显可见，呈乳白色。

第四阶段（花后 60 ~ 70 d），果实直径 2.5 cm 左右，果壳加厚，种仁已较丰满，充实。呈乳白色，有光泽，顶端微凸，底部微凹。

第五阶段（花后 110 ~ 140 d），果实直径 3 cm 左右，外果皮变薄，具黄褐色内层，果壳颜色明显加深变黑褐色、质地坚硬，顶端具白色发芽孔。果仁乳白色，坚实硬化。从外表看，在花后约 110 d，果实完全停止生长，只有内含物质的积累。

二、粗脂肪积累

澳洲坚果从坐果至成熟大约需要 215 d，开花期后 30 周果实成熟时，澳洲坚果的果仁含油率为 72% ~ 79%。澳洲坚果开花后 90 d 开始，随着果龄的增加，果仁含油量表现为逐渐增加之势，在花后 120 d 时，油分积累已占澳洲坚果果仁干重的 40% 以上，当在花后 150 d，澳洲坚果果仁油分积累已占果实干重的 60% 以上，果实完全成熟时油分均在 72% 以上，达到一级澳洲坚果果仁含油量的标准。

三、粗蛋白的积累

澳洲坚果开花后 90 d 左右，澳洲坚果果仁粗蛋白含量达到最大，约占澳洲坚果果仁干重的30%，花后90 d以后，随着果龄的增加，粗蛋白含量占干重的百分率，表现为逐渐递减之势，到花后120 d，蛋白质占干重的百分率下降至10%左右，最终成熟果中粗蛋白含量约占8%。

四、糖分的积累

澳洲坚果开花后，随着果龄的增加，澳洲坚果果仁中还原糖、蔗糖以及糖总量均为递增的趋势，在花后110 d左右，还原糖、蔗糖以及糖总量积累达到最大值。之后，还原糖和蔗糖含量均迅速下降，至花后150 d时，已检测不到还原糖，而蔗糖含量也降至8%左右（以干重百分率计）。在果实成熟时，果仁含糖量为4.8%左右。

五、水分的积累

澳洲坚果开花后，随着果实的发育，澳洲坚果果仁中水分含量在迅速增加，在花后90 d左右达到最大值，之后果仁中水分逐渐减少，干重率不断提高，在花后120 d时，其干重率已达38.70%，果实成熟时，各品种的澳洲坚果果仁干重率稳定在70%左右。

第三节　澳洲坚果果实成分分析

一、澳洲坚果果仁成分分析

（一）澳洲坚果果仁主要营养成分

澳洲坚果果仁营养丰富，可生吃或经过烤制后食用，具有"干果皇后"的佳誉，具有奶油芳香，口感极佳，可以改善血液循环、调节血脂、降低胆固醇、增强记忆力等。

澳洲坚果果仁蛋白质中氨基酸种类齐全，是一种营养价值较高的植物蛋白。澳洲坚果果仁中主要营养成分为粗脂肪（Crude fat）、粗蛋白（Crude protein）、可溶性总糖（Total soluble sugar）、可溶性淀粉（Soluble starch），其中粗脂肪含量为 75.45 g/100 g，粗蛋白含量为 9.07 g/100 g，可溶性淀粉含量为 2.83 g/100 g，可溶性总糖含量为 2.31 g/100 g。尤其是粗脂肪和粗蛋白含量之和高达 84.52%（表 2–1）。

表 2–1　澳洲坚果果仁主要营养成分（g/100 g，$\bar{x} \pm s$，$n=20$）

成分	含量	成分	含量
粗蛋白	9.07 ± 0.95	水分	1.56 ± 0.17
粗脂肪	75.45 ± 2.78	可溶性总糖	2.31 ± 0.52
可溶性淀粉	2.83 ± 0.75	矿物质	0.74 ± 0.11

澳洲坚果果仁除可直接食用外，还可用于烹饪食品、小吃，以及作为配料添加于各种糕点及各种饮品中。目前，包含澳洲坚果原料的食品品种丰富，多达 200 种，有澳洲坚果蛋糕、果仁罐头、高级巧克力、高级糖果及面包等。

（二）澳洲坚果果仁中氨基酸

氨基酸是羧酸碳原子上的氢原子被氨基取代后的化合物，氨基酸分子中含有氨基和羧基 2 种官能团。与羟基酸类似，氨基酸可按照氨基连在碳链上的不同位置而分为 α-、β-、γ-、...，ω- 氨基酸。

氨基酸是构成动物营养所需蛋白质的基本物质，是含有碱性氨基和酸性羧基的有机化合物。组成蛋白质的氨基酸大部分为 α- 氨基酸，而且仅有二十几种，它们是构成蛋白质的基本单位。

必需氨基酸是指人体（或其他脊椎动物）不能合成或合成速度远不能适应机体的需要，必需由食物蛋白供给，这些氨基酸称为必需氨基酸。共有 8 种，分别是赖氨酸、色氨酸、苯丙氨酸、蛋氨酸（甲硫氨酸）、苏氨酸、异亮氨酸、亮氨酸、缬氨酸。成人必需氨基酸的需要量为蛋白质需要量的 20% ～ 37%。

氨基酸在人体内通过代谢发挥合成组织蛋白质，变成酸、激素、抗体、肌酸等含氮物质，转变为碳水化合物和脂肪，氧化成二氧化碳和水及尿素，产生能量等作用。其中，赖氨酸能促进大脑发育和脂肪代谢，调节松果腺、乳腺、黄体及卵巢，防止细胞退化，赖氨酸也是肝及胆的组成成分；色氨酸促进胃液及胰液的产生；苯丙氨酸参与消除肾及膀胱功能的损耗；蛋氨酸（甲硫氨酸）参与组成血红蛋白、组织与血清，有促进脾脏、胰脏及淋巴的功能；苏氨酸有转变某些氨基酸达到平衡的功能；异亮氨酸参与胸腺、脾脏及脑下腺的调节以及代谢；亮氨酸作用于平衡异亮氨酸；缬氨酸作用于黄体、乳腺及卵巢。

澳洲坚果果仁含有 18 种氨基酸，其中，非极性氨基酸（疏水氨基酸）有 8 种，分别为丙氨酸（Ala）、缬氨酸（Val）、亮氨酸（Leu）、异亮氨酸（Ile）、脯氨酸（Pro）、苯丙氨酸（Phe）、色氨酸（Trp）、蛋氨酸（Met）；极性氨基酸（亲水氨基酸）有 5 种，分别为甘氨酸（Gly）、丝氨酸（Ser）、苏氨酸（Thr）、半胱氨酸（Cys）、酪氨酸（Tyr）；极性带正电荷的氨基酸（碱性氨基酸）有 3 种，分别为赖氨酸（Lys）、精氨酸（Arg）、组氨酸（His）；极性带负电荷的氨基酸（酸性氨基酸）有 2 种，分别为天冬氨酸（Asp）、谷氨酸（Glu）。氨基酸对人体生理作用有着重要功能，谷氨酸是使大脑在脊椎兴奋的神经递质，在糖与脂肪代谢中非常重要，并能帮助钾通过血液屏障进入大脑。精氨酸在肌肉代谢中非常重要，它能促进肌肉的增加和脂肪的减少，能帮助肝脏去除毒素。澳洲坚果果仁含有人体所必需的 8 种氨基酸，其中必需氨基酸含量占总氨基酸含量的 28.88%（表 2-2）。

表 2-2　澳洲坚果果仁氨基酸（mg/g 干果仁，$\bar{x} \pm s$，$n=20$）

氨基酸	含量	氨基酸	含量
天冬氨酸 （Asp）	7.5 ± 0.73	异亮氨酸 （Ile）*	2.8 ± 0.24
苏氨酸 （Thr）*	2.8 ± 0.2	亮氨酸 （Leu）*	5.3 ± 0.43
丝氨酸 （Ser）	3.7 ± 0.37	酪氨酸 （Tyr）	3.1 ± 0.48
谷氨酸 （Glu）	16.4 ± 1.56	苯丙氨酸 （Phe）*	2.9 ± 0.2
甘氨酸 （Gly）	4.1 ± 0.34	赖氨酸 （Lys）*	4.2 ± 0.29
丙氨酸 （Ala）	3.2 ± 0.28	组氨酸 （His）	1.9 ± 0.16
半胱氨酸 （Cys）	1.9 ± 0.31	精氨酸 （Arg）	10.4 ± 1.39
缬氨酸 （Val）*	3.3 ± 0.28	脯氨酸 （Pro）	3.2 ± 0.32
蛋氨酸 （Met）*	0.5 ± 0.08	色氨酸 （Trp）*	0.7 ± 0.32

*：必需氨基酸

澳洲坚果果仁中蛋白质含量为 9% 左右，仁内的蛋白质共含有 18 种氨基酸，其中 10 种是人体内不能合成而必须由食物供给的氨基酸。且其必需氨基酸含量合理，接近联合国粮食及农业组织（FAO）和世界卫生组织（WHO）规定的标准。

表 2-3 中，因酸水解条件下色氨酸被破坏，故未检出，只有 7 种人体必需氨基酸。除异亮氨酸、胱氨酸蛋氨酸与苏氨酸等含量略偏低于标准外，其余均接近标准模式。所以，澳洲坚果粕中氨基酸组成平衡合理，是优良的植物蛋白资源。

表 2-3　澳洲坚果粕中人体必需氨基酸占总氨基酸的质量分数与 WHO/FAO 模式谱比较

必需氨基酸	必需氨基酸含量（%）	标准氨基酸模式谱	比值	氨基酸得分
异亮氨酸　（Ile）	3.48	40	4	87
亮氨酸　（Leu）	6.73	70	7	96.14
赖氨酸　（Lys）	5.66	55	5.5	102.91
蛋氨酸＋胱氨酸（Met+Cys）	2.75	35	3.5	78.57
酪氨酸＋苯丙氨酸（Tyr+Phe）	7.01	60	6	116.83
苏氨酸　（Thr）	3.46	40	4	86.5
缬氨酸　（Val）	4.65	50	5	93
合计	33.74	360	36	93.72

注：氨基酸得分＝待评蛋白质某各氨基酸含量/（FAO/WHO 中必需氨基酸含量）×100

（三）澳洲坚果果仁中脂肪酸

1. 脂肪酸的定义

脂肪酸（fatty acid）是由碳、氢、氧 3 种元素组成的一类有机化合物，脂肪酸在有充足氧供给的情况下，可氧化分解为 CO_2 和 H_2O，释放大量能量，因此，脂肪酸是机体主要能量来源之一。

2. 脂肪酸的分类

（1）根据碳链长度的不同，脂肪酸又可将其分为短链脂肪酸（碳原子数小于6）、中链脂肪酸（碳原子数为 6～12）、长链脂肪酸（碳原子数大于12）。一般食物所含的脂肪酸大多是长链脂肪酸。

（2）脂肪酸根据碳氢链饱和与不饱和的不同可分为饱和脂肪酸（碳氢上没有

不饱和键）、单不饱和脂肪酸（碳氢链有一个不饱和键）、多不饱和脂肪（碳氢链有2个或2个以上不饱和键）（图2-3）。

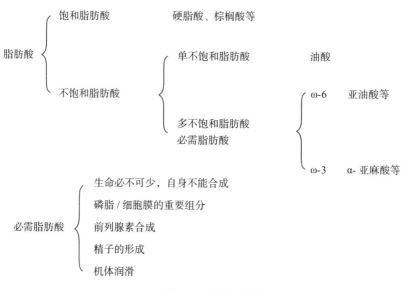

图2-3　脂肪酸种类

单不饱和脂肪酸：单不饱和脂肪酸（MUFA）指含有一个双键的直链脂肪酸。作为膳食脂肪酸中的一类，具有特殊的生理功能和独特的物理、化学特性。存在于食品中的顺式单不饱和脂肪酸主要是油酸（C18：1, n-9）。研究表明：单不饱和脂肪酸对胆固醇有明显降低的作用，还有降低血糖、调节血脂、保护心脏等作用。经过流行病学调查后发现，经常食用山茶油、橄榄油的人患冠心病的机率较低，因为山茶油、橄榄油中单不饱和脂肪酸的含量较高，这使得对单不饱和脂肪酸生理功能特性的研究再掀热潮。

动物能合成所需的饱和脂肪酸和亚油酸这类只含1个双键的不饱和脂肪酸，含有2个或2个以上双键的多双键脂肪酸则必须从植物中获取，故后者称为必需脂肪酸。

多不饱和脂肪酸：多不饱和脂肪酸（PUFA）是指含有2个或2个以上双键的直链脂肪酸，是研究和开发功能性油脂的主体和核心。

根据不饱和键的位置不同，可将脂肪酸分为n-3、n-6、n-7、n-9系列脂肪酸。其中 n-6 系列包括亚油酸、γ- 亚麻酸、二十碳四烯酸等，n-3 系列包括 α- 亚麻酸、二十碳五烯酸（eicosapentaenoic acid，EPA）、二十二碳六烯酸（docosahexaenoic acid，DHA）等。

根据氢原子在不饱和键的同侧或异侧，可将脂肪酸分为顺式不饱和脂肪酸和反式不饱和脂肪酸。其中，亚油酸及亚麻酸被公认为人体必需的脂肪酸，在人体内可进一步衍化成具有不同功能作用的高度不饱和脂肪酸，如花生四烯酸、EPA、DHA 等。

饱和脂肪酸：饱和脂肪酸较为稳定，可为人体提供能量，并在人体新陈代谢过程中扮演着重要角色，但饱和脂肪酸摄入过多，易引起心脑血管等疾病，给人体健康造成威胁。因此应均衡膳食，合理摄入各类脂肪酸。

亚麻酸及其衍生物（EPA、DHA）：占脑神经及视网膜磷脂的 50%，占管学习的海马细胞的 25%，占大脑固体质量 10%。研究表明，亚麻酸是 DHA、EPA 的前体，与人的视力、智力和脑力密切相关。

亚油酸能降低血液胆固醇，预防动脉粥样硬化。胆固醇必须与亚油酸结合后，才能在体内正常运转和代谢。如缺亚油酸，将会与一些饱和脂肪酸结合，在血管壁上沉积，形成动脉粥样硬化，引发心脑血管疾病。研究证明，亚油酸有利于心血管疾病的预防。

澳洲坚果含有高达 75% 的脂肪，不含胆固醇，并且饱和脂肪酸含量较低，不饱和脂肪酸比例高达 82.96%，能降低血液胆固醇水平，降低患心脏病的风险，因此，许多研究者开展了澳洲坚果油的成分及其保健价值等的研究。

澳洲坚果油脂肪酸组成达 8 种以上，其中主要有油酸、亚油酸、棕榈油酸和二十碳烯酸 4 种不饱和脂肪酸以及棕榈酸、硬脂酸、花生酸、肉桂酸、二十碳稀酸 5 种饱和脂肪酸。其中，油酸（oleic acid）含量达 65.17%，油酸作为单不饱和脂肪酸，具有比多不饱和脂肪酸更高的氧化稳定性，具有降低 LDL-C 但不降低 HDL-C 的独特作用，可更有效地防止动脉硬化；油酸（oleic acid）、亚油酸（linoleic acid）、花生四烯酸（arachidonic acid）和棕榈油酸（palmitoleic acid）4 种不饱和脂肪酸，其比例高达 82.96%，不仅营养价值丰富，而且具有一定的降低心血管疾病、降血糖、血脂以及血液内有害胆固醇等药用及保健功能（表 2–4）。

表 2-4　澳洲坚果油主要脂肪酸的含量（% oil, $\bar{x} \pm s$, n=20）

脂肪酸	含量	脂肪酸	含量
肉桂酸 Myristic acid （C14：0）	0.44 ± 0.05	油酸 Oleic acid （C18：1）	65.17 ± 0.57
棕榈酸 Palmitic acid （C16：0）	9.12 ± 0.36	亚油酸 Linoleic acid （C18：2）	1.70 ± 0.28
棕榈油酸 Palmitoleic acid （C16：1）	13.32 ± 0.67	花生四烯酸 Arachidonic acid （C2：4）	2.76 ± 0.20
硬脂酸 Stearic acid （C18：0）	3.58 ± 0.26	二十碳稀酸 Arachidic acid （C20：0）	2.65 ± 0.15

澳洲坚果油油性温和，延展性好、渗透性佳，对皮肤无刺激，可与各类精油复配添加于高级化妆品中。具有增强皮肤抵抗力，降低细胞老化，防止晒伤和冻伤等功能。目前，利用澳洲坚果仁制取出的果油已添加到各类化妆品及洗护产品中。

（四）澳洲坚果果仁中矿物元素

矿质元素称为功能性营养，在人体中具有重要的生理功能，是人体生长发育的六大营养要素之一，在人体生长发育中起着全方位的作用。从机体组织的建造、修复，到生理代谢，到增强免疫功能，甚至有直接防病治病作用。

按通常惯例，通常将日需量占人体重万分之一以上的元素称大量元素（如钙、镁等），而万分之一以下的就称为微量元素。目前世界卫生组织（WHO）确认的 14 种必需微量元素有锌、铜、铁、碘、硒、铬、钴、锰、钼、钒、氟、镍、锶、锡。

钙是构成人体骨骼的重要成分，可以调节平滑肌及非肌肉细胞活动，也是维持正常神经兴奋性和冲动传导所必需的物质。钾作为主要的碱性物质存在于组织和血细胞中，对酸碱平衡起着十分重要的作用。镁可参与机体骨骼中的钙、钾的代谢，并且是细胞构成的重要离子。磷具有许多结构性的性能，如贮存能量、活化物质、组成酶的成分和调节酸碱平衡。

锰是维持人体健康的营养元素，参与体内许多酶的合成和活化作用，参与信息传递和甲状腺及性腺的分泌。铜在人体中通过含铜酶或蛋白参与各种代谢在维护皮肤、骨骼、心血管系统的结缔组织完善中起重要作用。铁在人体中一类是输送血红蛋白、肌红蛋白参与组织呼吸，推动氧化还原反应；另一类是运送铁和贮存铁的形式的运送铁蛋白。锌影响核酸蛋白质的合成过程，对胎儿生长发育带来极大的影响。

澳洲坚果果仁中矿物质含量丰富，其富含多种矿质元素，钾、磷、镁、钙是其含量较高的4种常量元素。其中，钾平均含量约为 436.48 mg/100 g，镁平均含量约为 88.09 mg/100 g，钙平均含量约为 33.06 mg/100 g，磷平均含量约为 152.55 mg/100 g，成为澳洲坚果果仁内较为主要的常量元素。因此，经常食用澳洲坚果果仁，可及时补充钾元素，对人体渗透压失衡、生理活动失常的病人具有积极帮助。澳洲坚果果仁中 Mn、Zn、Fe、Cu 也较为丰富；而且重金属元素铅、镉、砷、汞的含量远低于食品卫生标准（表 2-5）。

表 2-5　澳洲坚果果仁中主要矿物质含量（mg/100 g，$\bar{x} \pm s$，$n=20$）

矿物质	含量 （mg/100 g）	矿物质	含量 （mg/100 g）
钾 （K）	436.48 ± 96.1	钙 （Ca）	33.06 ± 7.96
镁 （Mg）	88.09 ± 11.3	磷 （P）	152.55 ± 17.0
锰 （Mn）	7.25 ± 0.31	铜 （Cu）	4.8 ± 0.96
铁 （Fe）	2.28 ± 0.25	锌 （Zn）	10.5 ± 2.17
砷 （As）	0.0012	汞 （Hg）	0.00031
铅 （Pb）	0.012	镉 （Cd）	0.0023

（五）澳洲坚果果仁中酚类与醇类物质

植物甾醇是植物中存在的一种天然活性物质，是一类固醇化合物，在医药、食品、化妆品等领域广泛应用。植物甾醇可以抑制肝脏中胆固醇的生物合成，抑制肠道内胆固醇的吸收，减少冠状动脉硬化和心脏病等心脑血管疾病的发生。

植物甾醇的主要种类包括谷甾醇、菜油甾醇、菜籽甾醇和豆甾醇等。全部以环戊烷全氢菲为主要结构并含有醇基。植物甾醇的相对密度略高于水，不溶于水、酸和碱，溶于许多有机溶剂，如乙醚、苯、氯仿、乙酸乙酯、二硫化碳和石油醚。植物甾醇的理化性质主要表现为疏水性，但由于其具有羟基的结构，所以植物甾醇具有乳化性。通过溶剂结晶得到的植物甾醇通常为针状白色结晶，其产物大部分为粉末或薄片状。植物甾醇的相对分子质量约为 386 ~ 456 u，熔点较高，均超过 100℃，高达 215℃。

植物甾醇含量较高的植物食品包括植物油、坚果种子、豆类等。植物油中的植物甾醇含量最高的是玉米胚芽油，其次是芝麻油。坚果种子中，开心果果仁植物甾醇含量最高，其次是黑芝麻。大豆是植物甾醇含量最高的豆类，其次是青豆。蔬菜和水果中植物甾醇含量较低。

Rudzinska 等（2009）对植物甾醇的性质进行了研究，在不同的温度和时间下对植物甾醇进行热处理，随着温度和时间增加，植物甾醇遭到破坏，植物甾醇含量降低。结果表明甾醇是参与热氧化降解过程中其他组分形成的主要前体。当植物油用于烹饪时，随着温度的升高，植物油中某些化学基团（如醛基、羧基等）会发生降解和氧化，因而损害人体健康。所以，植物甾醇可以在一定程度上提高植物油的氧化稳定性。

生育酚（tocopherol）俗称维生素 E，是一种脂溶性维生素。根据甲基的数量和位置又分为 α、β、γ 和 δ 四种不同形式。生育酚在人体内具有重要的生理功能，具有抗衰老作用。四种生育酚都具有生理活性，其中 α- 生育酚和 γ- 生育酚具有较强的抗氧化能力。植物油是人体摄入维生素 E 的重要来源。目前测定生育酚的方法主要使用分光光度计法、荧光比色法、气相色谱法（GC）和高效液相色谱法（HPLC）等。毛多斌等（2007）测定了超临界萃取的葵花籽油、南瓜籽油、山楂籽油和省沽籽油中的生育酚含量，分别为 1.22 mg/kg、0.50 mg/kg、2.31 mg/kg 和 27.60 mg/kg。根据 Sue-Siang 等（2013）的研究，冷榨火麻油含有 α- 生育酚（2.78 mg/100 g）和 γ- 生育酚（56.41 mg/100 g），未发现 β- 生育酚。

维生素 E（生育酚）对生殖、肌肉、神经及免疫等系统最佳功能的发挥是必不可少的。生育三烯酚在某些情况下具有比 α- 生育酚更优良的功能，如抗氧化、抗癌和降低胆固醇等特性。由于生育三烯酚含有不饱和侧链，所以就能更有效地渗透于含有饱和脂肪酸层的组织中，如大脑和肝脏，同时也可较容易地分布在细胞膜脂质层内，从而起到了很好的抗氧化和清除自由基效能。目前，国外对其研究的比较深入，而我国则相对较少。生育三烯酚通过转录后调控机制抑制肝脏中胆固醇生物合成。

　　澳洲坚果油中含有多种有助于油脂稳定的抗氧化物质，如生育三烯酚和生育酚。Maguire 等报道果仁油的 α- 生育酚含量为 122 μg/g，且油中还含有微量的 γ- 生育酚。Kornsteiner 等报道用石油醚萃取的澳洲坚果油中未检测到 α-、β-、γ-、δ- 生育酚，类胡萝卜素（α、β- 胡萝卜素、玉米黄质、叶黄素、番茄红素和玉米黄质）或总酚。Wall 用正己烷与异丙醇体积比为 3∶2 的混合溶剂提取 7 个品种澳洲坚果果仁油后，测定生育酚含量为 α- 生育酚 15.91 ～ 46.83 μg/g 油、γ-生育酚 8.75 ～ 34.28 μg/g 油、δ- 生育酚 3.00 ～ 17.66 μg/g 油。其中，α-、γ-生育酚只在 HAES 294 和 HAES 856 中检测到。研究表明，澳洲坚果油并不是食物中生育酚、生育三烯酚、类胡萝卜素的良好来源。然而，澳洲坚果油中还含有植物甾醇等其他生物活性物质。其中菜油甾醇含量为 73 ± 9 μg/g、豆甾醇 38 ± 3 μg/g、β- 谷甾醇 1 507 ± 141 μg/g。澳洲坚果油中植物甾醇含量为 1 117 ～ 1 549 μg/g，接近于其在橄榄油中的含量（1 500 μg/g）。澳洲坚果油中角鲨烯含量较高。

二、澳洲坚果果壳成分分析

（一）澳洲坚果果壳中纤维素与木质素

　　澳洲坚果果壳主要由纤维素和酸不溶木质素组成，其中，澳洲坚果果壳中纤维素占 34.65%，酸不溶木质素占 39.75%，水分占 8.45%（表 2-6）。通过与其他植物对比可知，澳洲坚果果壳的酸不溶木质素含量高于针叶材、阔叶材、麦草与花生壳，但其纤维素含量却低得多。

表 2–6　澳洲坚果果壳纤维素与木质素成分与其他植物对比　　　　　单位：%

项目	水分	纤维素	酸不溶木质素
澳洲坚果壳	8.45	34.65	39.75
针叶材	—	59	28.79
阔叶材	—	78	24.14
麦草	11.21	73.31	20
花生壳	12.37	66.36	33.5

澳洲坚果果壳木质素的结构单元为愈创木基丙烷单元和紫丁香基丙烷单元，属 GS 型木质素，且 G 型木质素远远多于 S 型，且含有较多的甲氧基。澳洲坚果果壳可以用于活性炭制备、磨料和滤料、制备粘贴剂等。随着澳洲坚果产业的发展，澳洲坚果果壳将得以充分的开发利用，使经济效益、社会效益、环境效益三者达到最大程度统一。

（二）澳洲坚果果壳中矿质元素

杨为海等选用中国热带农业科学院南亚热带作物研究所澳洲坚果种质资源圃的澳洲坚果种质两年的成熟果实的果壳，对澳洲坚果果壳所含的 8 种矿质元素进行测定与分析，结果表明：澳洲坚果果壳中氮含量为 0.21%、钾含量为 0.1%、钙含量为 0.06%、镁含量为 0.03%、铁含量为 74.28 mg/kg、锰含量为 93.06 mg/kg、铜含量为 43.52 mg/kg、锌含量为 11.12 mg/kg（表 2-7）。

表 2-7　澳洲坚果种质种壳的矿质元素含量平均值

成分	氮（%）	钾（%）	钙（%）	镁（%）	铁（mg/kg）	锰（mg/kg）	铜（mg/kg）	锌（mg/kg）
含量	0.21	0.1	0.06	0.03	74.28	93.06	43.52	11.12

（三）澳洲坚果果壳中黄酮与多酚

对澳洲坚果果壳中黄酮与多酚成分进行分析（表 2-8）。表明澳洲坚果果壳总黄酮、挥发油以及总多酚含量与其他果壳相比，含量较高。通过微波萃取和顶空直接进样 GC/MS 法对澳洲坚果果壳的挥发性成分进行了分析，澳洲坚果果壳共分离鉴定了 37 个挥发性成分，包含烯烃、酸类、醛类、酮类、内酯类等，且澳洲坚果果壳乙醇提取物具有令人愉悦的香味，其香气风格与原样迥异，具有成为香精香料来源的潜质。

表 2-8　澳洲坚果果壳主要功能性成分分析

成分	总黄酮	挥发油	总多酚
百分含量 /%	0.96	2.12	1.17

三、澳洲坚果果皮成分分析

(一)澳洲坚果果皮主要营养成分

澳洲坚果果实主要由青皮、果壳和果仁组成,果仁为可食部分,占鲜果重量1/2的青皮和占壳果重量2/3的果壳为澳洲坚果加工的副产物。当前国内外对果壳组成成分和制备活性炭、磁性纳米吸附剂和碳(氮)化纳米颗粒等吸附材料报道较多,对青皮的研究仅限于青皮组成成分和抑菌、抗氧化等功能性质方面的研究。目前,澳洲坚果果皮是大多被废弃,不仅得不到充分利用,还污染环境。澳洲坚果果皮内含有丰富的蛋白质和总糖,粉碎后可用于混作家畜饲料。而单宁则可应用于医药、皮革、印染、有机合成工业。

澳洲坚果干果皮中的粗蛋白含量为6.39%,果皮中可溶性总糖含量为2.53%,果皮内的单宁含量为1.73%(表2-9)。

表2-9 澳洲坚果果皮中主要功能性成分 单位:%

成 分	粗蛋白	可溶性总糖	单宁
含 量	6.39	2.53	0~1.73

(二)澳洲坚果果皮中矿质元素

矿质元素是果实生长发育、产量形成和品质提高的物质基础。因此,无论是大量元素还是微量元素,它们对果皮生长发育都起到极其重要的作用。有研究结果表明,4种常量元素与4种微量元素在果皮内的含量由高到低分别为钾>钙>镁>磷与锰>铁>铜>锌,其中,钾含量高出钙、镁、磷量达15~26倍,锰、铁含量则高出铜、锌含量达3~5倍,分别成为果皮内较为主要的常量与微量矿质元素。澳洲坚果果皮中钾、锰及铁含量均明显高于澳洲坚果果壳及果仁(表2-10)。对其他坚果类树种核桃的果皮矿质元素含量分析也指出,成熟期果皮中的钾含量显著高于其他矿质元素的含量,也显著高于种仁和种壳中的钾含量。同时也说明,钾元素可能是木本坚果果皮内积累最丰富的矿质元素。果皮矿质元素的吸收与积累状况受到各矿质元素间相互作用的影响。

表 2–10　澳洲坚果果皮的矿质元素含量平均值

成分	磷（%）	钾（%）	钙（%）	镁（%）	镁（mg/kg）	锰（mg/kg）	铜（mg/kg）	锌（mg/kg）
含量	0.07	1.831	0.119	0.078	117.83	133.11	38.26	19.7

（三）澳洲坚果果皮中蜀黍苷含量

澳洲坚果品种甚多，但仅光壳澳洲坚果（*M. integrifolia*）和粗壳澳洲坚果（*M. tetraphylla*）及其杂交种有商业价值，其他品种均因其果仁中的蜀黍苷（一种生氰糖苷）含量较高而不宜食用，或脱氰后才可以食用。

由蜀黍苷生成氢氰酸（HCN）分为两步。其先被内源性蜀黍苷酶（dhurrinase，EC 3.2.1.21，属于 β-D- 萄糖苷酶）水解，生成葡萄糖和不稳定的对羟基 -(S)- 扁桃腈；此中间产物再在内源性 R - 羟基腈裂解酶的作用下或碱性条件下，快速转化为游离 HCN 和对羟基苯甲醛。

生氰糖苷的毒性是由其水解所得氰氢酸和醛类化合物产生的，氰氢酸最小致死口服剂量为 0.5 ～ 3.5 mg/kg。而对于人体，若体重按 50 kg 算，口服约 25 mgHCN 就能致死；换算成对应蜀黍苷含量（假设完全水解成产物），该剂量相当于澳洲坚果青皮（干重计）为 269.56 g，澳洲坚果的青皮中蜀黍苷含量一般低于 5 mg/g，可以不采用脱除蜀黍苷的工艺处理措施（表 2–11）。

表 2–11　不同品澳洲坚果果皮中蜀黍苷的含量

果皮品种	HAES900	桂热	Own Choice	A16	Pahala	Beaumont
蜀黍苷（mg/g）	1.34 ± 0.09	2.85 ± 0.05	5.67 ± 0.08	4.01 ± 0.08	0.51 ± 0.03	5.74 ± 0.08
RSD（%）	6.9	1.89	1.45	2.05	5.97	1.42

（四）澳洲坚果果皮中总酚、总黄酮含量

有相关研究采用水和体积分数 70% 甲醇、70% 乙醇、70% 丙酮为提取溶剂，测定澳洲坚果果皮的总酚（没食子酸等效物）、总黄酮（芸香苷等效物）和单宁（单宁酸等效物）的含量，结果表明（表 2–12），不同溶剂提取的总酚、总黄酮、单宁含量均具有一定差异，其中体积分数为 70% 丙酮的提取效果最佳，其次是体积分数为 70% 的甲醇和 70% 的乙醇，水提取效果最差。70% 丙酮提取液总酚含量（6.63 mg/g，FW）、总黄酮含量（8.65 mg/g，FW）、单宁含量（8.80 mg/g，FW）显著高于 70% 乙醇（4.70、4.45、5.8 mg/g，FW）、70% 甲醇（4.39、3.9、5.19 mg/g，FW）和水（2.28、2.74、2.31 mg/g，FW）。比较而言，体积分数 70% 丙酮提取液的总酚、总黄酮与单宁含量分别约是体积分数 70% 甲醇与 70% 乙醇提取液的 1.5、2.0、1.7 倍，说明对澳洲坚果果皮中的总酚、总黄酮与单宁这 3 种物质，体积分数为 70% 丙酮的提取效果最好。

表 2-12 不同溶剂提取的澳洲坚果果皮中总酚、总黄酮与单宁含量

提取溶剂	各提取物质的含量 （mg/g, FW）		
	总酚	总黄酮	单宁
水	(2.28 ± 0.05) c	(2.74 ± 0.1) c	(2.31 ± 0.09) c
70% 丙酮	(6.63 ± 0.15) a	(8.65 ± 0.32) a	(8.80 ± 0.31) a
70% 乙醇	(4.7 ± 0.25) b	(4.45 ± 0.22) b	(5.18 ± 0.18) b
70% 甲醇	(4.39 ± 0.2) b	(3.95 ± 0.23) b	(5.19 ± 0.21) b

第三章
澳洲坚果采收与贮藏

第一节 澳洲坚果果实的采收

一、采收时间

适时采收是澳洲坚果生产过程中十分重要的技术环节,如果采收时间过早,则会出现出仁率低、种仁不饱满、果皮不易剥离以及不耐贮藏等问题;如果采收过晚,则会导致果实落存地面时间较长,易受真菌感染,果实品质变差。澳洲坚果成熟期因品种而异,通常在8月中旬至10月中旬,花期超过1个月以上,但由于其果实成熟程度不一致,一般先熟先采收,避免在阴雨天或者雨后初晴时采收,宜选择晴天采收,以保证果实品质、提高果实耐贮性。

果实成熟之后,果皮由原先褐色转变为深褐色,部分总苞顶端微裂开,此时果壳坚硬,果皮容易剥离,种仁饱满、呈现乳白色或者白色,气味清香,此时是最佳采收时期。

二、采收方法

澳洲坚果果实的采收方法,有人工采收法和机械振动采收法。

(一)人工采收法

即人工使用采果钩将成熟的总苞钩落收集,适宜在不平坦的山坡地或规模较小的果园中使用。值得注意的是，若使用其他不当方式收集熟果，容易造成果树枝叶受伤，严重影响翌年果实产量。

（二）机械振动采收法

即在果实可采收前 2 周，对果树喷施 500 倍液乙稀利进行人工催熟，再选择合适时机，采用机械振动树干将果实振落，再收集。该方法适用于大规模种植、机械程度较高而又平坦的果园。值得注意的是，此方法会造成叶片早期脱落，会在一定程度上影响果树的正常生长。

第二节 澳洲坚果果实的贮藏

一、带皮澳洲坚果的贮藏

刚收获的成熟澳洲坚果不耐贮藏，澳洲坚果果皮含水量 35% ～ 45%，果仁含水量 23% ～ 25%，不宜长时间堆放，应在 24 h 内去果皮。若带皮澳洲坚果长时间堆放在一起，其呼吸作用会加强，导致温度、湿度增加，在高温高湿的环境中，澳洲坚果极易发霉、腐烂，从而影响品质。如果不能及时完成去果皮工序，则必须将带皮果摊晾在通风干燥处，且不能置于阳光下直接暴晒。

有研究发现，带皮新鲜澳洲坚果采用田间摊放和室内摊放的方式，在气温 14.0 ～ 26.5℃、相对湿度 90% ～ 98% 的条件下，果仁的品质在 1 个月之内可得到保证。另外，澳大利亚在 15 ～ 30 d 甚至 30 d 以上用机器分批收获带皮成熟澳洲坚果，然后集中脱皮，并未发现果仁质量变差的情况。因此，未及时收集的带皮澳洲坚果可在 1 个月内收集加工，果仁质量可得到保证。尽管如此，由于刚收获的带皮澳洲坚果因含水量较高不耐贮藏，不宜长时间放置，因而应尽快进行脱皮处理，然后将带壳澳洲坚果干燥之后再贮藏，这样有助于延长贮藏时间。

二、带壳澳洲坚果的贮藏

带壳澳洲坚果贮藏一般采用普通室温贮藏法和低温贮藏法。在贮藏过程中，要避免壳果从高处坠落因为剧烈碰撞会使果仁受损。当带壳澳洲坚果的含水量

<10% 时，允许下落的高度为 2 m。

（一）普通室内贮藏法

将干燥后的带壳澳洲坚果装入麻袋中，置于通风干燥背光处贮藏，果袋堆垛应留有通道，并距离库墙 25 ～ 30 cm；地面处应设 10 cm 以上防潮层，以避免果实吸潮而变质。

（二）低温贮藏法

将带壳澳洲坚果干燥至果仁含水量小于 5%，装入麻袋或塑料袋中，贮藏于 0 ～ 4℃低温冷库中，可防止果实中油脂氧化导致果实酸败，贮藏期可长达 1 年以上。

三、澳洲坚果果仁的贮藏

澳洲坚果果仁含水量为 1.5% 是适宜的贮藏标准。贮藏前通过真空包装和充氮保存对果仁进行处理，必须使用牢固、干燥、清洁、无异味的纸箱作为外包装材料，内衬应使用无毒的锡箔塑料袋，另放入抗氧化剂以起到干燥的作用。澳洲坚果果仁装箱后需要迅速封严，捆牢，标明生产厂家、等级以及产品重量等信息。

第四章
澳洲坚果初加工辅料

第一节　澳洲坚果加工的食品调味料

一、食　盐

食盐是日常生活中必不可少的调味品，是咸味的主要来源。因其熔点极高，故又可替代沙子，用来炒制坚果、花生、板栗等食品。食盐按产地分，可分为海盐、湖盐、井盐和矿盐4种；按加工程度又分为粗盐、加工盐和精盐（加碘）。食盐的主要成分是氯化钠，还含有卤汁（氯化钾、氯化镁、硫酸锌等的混合物）和其他杂质。选择食盐时应注意几个方面：水分及杂质含量要少、颜色洁白、氯化钠含量高、卤汁少，含卤汁过多的食盐会使制品带有苦味，影响产品质。20℃时食盐的溶解度是36 g，食盐的溶解度随温度的变化较小。

二、糖

1.蔗　糖

蔗糖是一种使用最广泛的甜味剂。蔗糖的甜味特征是甜味纯正，很快达到最高甜度，甜味消失迅速。蔗糖的主要缺点是易结晶析出，对产品外观带来不良影响，还能导致龋齿，影响人体健康。蔗糖的主要种类有白砂糖、黄砂糖和绵白糖。白砂糖纯度最高，它由原糖脱色后重结晶制得。白砂糖可分为甜菜糖和甘蔗糖，其品质要求是颗粒整齐、颜色洁白、干燥、无杂质和无异味。黄砂糖是制造白砂糖的初级产物，因含有未洗净的糖蜜杂质，故带黄色，由于含杂质较多，黄砂糖常用于低、中端产品。绵白糖是由粉末状的蔗糖加入转化糖粉末制成，因为其颗粒细小，还可以用作一些制品表面的饰粉，以美化产品的外观、增加产品的风味。20℃时蔗糖的溶解度是203.9g，蔗糖在水中的溶解度随温度的增加而增大（表4-1）。

表4-1　蔗糖在不同水温中的溶解度

温度（℃）	0	10	20	30	40	50	60	70	80	90	100
溶解度（g）	179.2	190.5	203.9	219.5	238.1	260.4	287.3	320.5	362.2	415.7	487.2

2. 转化糖

蔗糖在酸的作用下能水解成等量的葡萄糖和果糖，含有转化糖的水溶液称为转化糖浆。由于葡萄糖和果糖的量比较多，所以这种糖具有不易结晶、甜度大的优点，而且转化糖没有龋齿因素，因此是比较理想的甜味剂。转化糖应随用随配，不宜长时间储存。在缺乏淀粉糖浆的地区，可用转化糖浆代替。

3. 饴　糖

饴糖是利用淀粉为原料生产的，所以也称为淀粉糖，其形似水玻璃，是无色透明的黏稠胶体。一般制法是酸糖化法和酶糖化法并用，即先用酸糖化法将淀粉糖化到一定程度，再用酶糖化法将剩余的淀粉和中间产物转化成麦芽糖。可根据不同需要，制成含有不同比例的糊精、麦芽糖和葡萄糖的饴糖。一般可分为低转化饴糖、中转化饴糖和高转化饴糖。工业上应用最为普遍的是中转化饴糖，其糊精与葡萄糖之比为1:1。饴糖可以延缓结晶的发生，防止制品返砂，并且饴糖容易呈色，对烘烤制品的上色有良好的作用。

三、味　精

味精是调味料的一种，主要成分为谷氨酸钠。谷氨酸钠是谷氨酸的钠盐，是一种无嗅无色的晶体，在232℃时解体熔化。谷氨酸钠的水溶性很好，在100 mL水中可以溶解74 g谷氨酸钠。味精的主要作用是增加食品的鲜味。纯的味精外观为一种白色晶体状粉末。如果在碱性环境中，味精会起化学反应产生一种叫谷氨酸二钠的物质，所以要合理使用和存放。

鸟苷酸钠或肌苷酸钠本身的鲜味同普通味精差不多，当它们加到食品中，而食品中同时含有少量的谷氨酸钠时，会同谷氨酸钠发生协同作用，使食品的鲜度显著提高。

四、食用油

食用油脂供给生命活动所需的热量和必需的脂肪酸，而且因为其热容大，也可以作为良好的传热介质用于油炸食品的加工。食用油脂不仅为食品提供特殊的风味，而且是食品中香气成分的载体，并影响香气的释放。另外，食用油脂在食品中表现出独特的物理和化学性质，其组成、熔融和固化特性，以及与水和其他非脂类成分的相互作用，决定了食品的软硬度、滑润感和咀嚼感等各种不同的质构，这些因素对食品风味的影响是非常重要的。

食用油的种类很多，通常可分为植物油和动物油两大类。动物油主要含饱和脂肪酸，常温下呈固态，如猪油、羊油、奶油等。而植物油主要含不饱和脂肪酸，常温下呈液态，如大豆油、花生油、菜籽油和芝麻油等。食用油脂的熔点只是一个大致的范围，由油脂中的脂肪酸的组成和分布决定，一般来说，油脂中脂肪酸的饱和程度越高、构成脂肪酸的碳原子数目越多，油脂的熔点也就越高，并随着不饱和程度的增加而减少。在使用时，要选择合适熔点的油脂避免油脂的凝固或融化对食品外观品质造成不良的影响。

另外，使用油脂时需要掌握可以加热的最高温度，以确保工作环境、人身安全不会受到影响。不同油脂的发烟点、闪点与燃点各不相同，主要取决于游离脂肪酸的含量，常用食用油脂的发烟点一般在90～240℃范围，闪点一般在210～330℃范围，而燃点一般在350～390℃范围，为了安全应在发烟点以下使用油脂。

五、八　角

八角为调味香料。八角能除肉中腥膻气，使之重新添香，故又名茴香。八角是我国的特产，盛产于广东、广西等地。菁葵颜色紫褐，呈八角，形状似星，有甜味和强烈的芳香气味，香气来自其中的挥发性的茴香醛。干燥的八角以个大、色红、杂质少、碎瓣少、含水量低、油多，放在口中咀嚼感到有特征芳香气味和微甜稍辣者为上品。八角性温辛，有开胃下气、止痛杀菌、促进血液循环的作用。

六、小茴香

小茴香别名茴香，原产地中海国家，主产于法国、西班牙、意大利等国，现我国各地也普遍种植，主产于山西、甘肃、内蒙古等地。果实以鲜亮、粒大、饱满、色黄绿、无梗、无杂质者为上品。小茴香性温、味辛，有桂寒、健脾、止痛之功效，是制作五香粉的重要原料之一。小茴香是肉品加工中常用的香料，也常在五香烘烤制品中使用。

七、花 椒

花椒也称香椒、大花椒。全国各地都有栽培，以四川、甘肃产最为著名，秋季果实成熟后采收。习惯上，把花椒称为"大红袍"，以粒大、色红、味重为特点。川椒（也称青椒）因粒较小、色淡黄、口味偏香称为"小红袍"，一般统称花椒。

花椒有特殊香辛气味，芳香强烈、辛麻持久、味微甜。花椒与川椒的果皮均含挥发油，但成分有差别。花椒是人们日常生活中常用的调味香料，同时也能与其他原料配制成调味品，如五香粉、花椒盐等，多用于加工酱卤制品，也用于糖果、软饮料、烘烤食品的调味，能温中散寒，燥湿杀虫，行气止痛，助消化。

第二节 澳洲坚果加工的食品添加剂

一、香 精

食品的香味是很重要的感官性质，香料是具有挥发性的有香物质，按来源不同，可分为天然香料和人造香料两大类。通常用数种乃至数十种香料调和配制的香料称为香精，我国使用的食用香精主要是水溶性香精和油溶性香精两大类。食用水溶性香精易挥发，不适合在高温操作下的食品赋香之用。食用油溶性香精的耐热性比食用水溶性香精高。

食用香精是炒货制品中重要的添加剂，几乎每一品种都要添加一定量的食用香精，它不仅可以掩盖原料中的不良气味，而且可以给食品带来愉快的香气，增强人们的食欲。根据不同的品种，添加不同的香精香料，使烘烤坚果制品得到各种不同的香气和香味。常用的果香型香精有甜橙、草莓、菠萝等，除了果香型外还有香草、奶油等。

烘烤坚果食品添加的香精香料除要求香气满意之外，还需满足以下要求。

（1）热稳定好，耐储藏。

因为烘烤食品要经过高温烘烤，要求香精香料有较高的沸点，在高温条件下挥发性损失较少，以确保经高温后仍有足够的香气。在烘烤食品中宜选用水油两用香精和粉末香精，比较适合烘烤食品温度和工艺的特点。

（2）较少的添加量达到较高的增香效果。

使用量要严格选择，因为其用量和香味并不是成正比例。超量使用，因香气太浓而有刺激感，带来不愉快的感觉；添加量太少，香味则平淡达不到应有的效果。

（3）易于分散无冻凝、沉淀等现象，有助于达到香气香味柔和、均匀的目的。

（4）安全性高，符合食品添加的许可范围。

经煮制工艺的产品可将膏状或液体香精溶于水中，在煮制过程中，使香味渗入种子仁中，然后再烘干或炒制即可。只经炒制工艺的产品，可在产品炒熟后将液体香料均匀喷洒产品表面，搅拌均匀后出炉。

二、甜味剂

甜味剂是指赋予食品以甜味的食品添加剂，目前世界上允许使用的甜味剂约有 20 种。甜味剂有几种不同的分类方法：按其来源可分为天然甜味剂和人工合成甜味剂；按其营养价值来分可分为营养性甜味剂和非营养性甜味剂；按其化学结构和性质可分为糖类和非糖类甜味剂等。

糖类甜味剂主要包括蔗糖、果糖、淀粉糖、糖醇以及寡果糖、异麦芽酮糖等。蔗糖、果糖和淀粉糖通常视为食品原料，在我国不作为食品添加剂。糖醇类的甜度与蔗糖差不多，因其热值较低，或因其和葡萄糖有不同的代谢过程，而有某些特殊的用途，一般被列为食品添加剂，主要品种有山梨糖醇、甘露糖醇、麦芽糖醇、木糖醇等。非糖类甜味剂包括天然甜味剂和人工合成甜味剂，一般甜度很高，用量极少，热值很小，有些又不参与代谢过程，常称为非营养性或低热值甜味剂，是甜味剂的重要品种。天然甜味剂的主要产品有甜菊糖、甘草、甘草酸二钠、甘草酸三钠、竹芋甜素等。人工合成甜味剂的主要产品有糖精、糖精钠、环己基氨基磺酸钠（甜蜜素）、天门冬氨酸苯丙氨酸甲酯（甜味素或阿斯巴甜）等。合成甜味剂一般都有很高的甜度，因此即使这些甜味剂可以为人体吸收，其总量也是很小的。合成甜味剂的使用安全性一直为人们所关注，这在一定程度上限制了合成甜味剂的应用。为增强烘烤食品的味觉效果，糖精钠等合成甜味剂常被用于这类产品生产加工过程中，其使用量有严格的限制。

理想的甜味剂应具备以下特点：① 很高的安全性；② 良好的味觉；③ 较高的稳定性；④ 较好的水溶性；⑤ 较低的价格。

三、抗氧化剂

抗氧化剂是添加于食品后阻止或延迟食品氧化，提高食品质量的稳定性和延长储存期的一类食品添加剂。食品在储藏过程中除受细菌、霉菌等作用发生腐烂变质外，和空气中的氧发生化学变化也能出现褪色、变色，产生异味异臭的现象，使食品质量下降，直至不能食用，这种现象在含油脂多的食品中尤其严重，通常称为油脂的"酸败"。防止和减缓食品氧化，可以采取避光、降温、干燥、排气、充氮、密封等物理措施，但添加抗氧化剂是一种简单、经济而又理想的方法。

澳洲坚果烘烤食品中不饱和脂肪酸含量较多，夏天一般 2 ～ 3 个月过氧化值会超标，氧化后很容易产生很浓烈的哈味，对于长期流通的炒货食品，采取抗氧化剂进行处理能使产品的货架期延长至 8 ～ 10 个月，甚至更长时间。

抗氧化剂的种类繁多，作用机理也不尽相同，但都依赖自身的还原性。一种是抗氧化剂自身氧化，消耗食品内部和环境中的氧，终止食品自动氧化的链式反应，从而保护食品组织不受氧化；另一种方式是抗氧化剂通过抑制氧化酶的活性从而防止食品组织氧化变质。抗氧化剂依其溶解性大致可分为以下两类。

（一）水溶性抗氧化剂

此类抗氧化剂大多用于食品护色，主要包括抗坏血酸及其盐类，异抗坏血酸及其盐类，二氧化硫及其盐类等。

（二）油溶性抗氧化剂

此类抗氧化剂多用于含油脂食品类，主要包括叔丁基羟基茴香醚（BHA）、二丁基羟基甲苯（BHT）、叔丁基对苯二酚（TBHQ）、维生素 E 等。按照抗氧化剂的来源可将其分为天然抗氧化剂和人工合成抗氧化剂。人工合成的抗氧化剂是食品抗氧化剂应用的主体，合成的抗氧化剂一般具有质量稳定、生产量大、价格适中、抗氧化能力强等特点，在结构上一般是酚类的自由基吸收剂。有空间位阻的酚类因含有给电子的基团，因此结构更加稳定，对食品生产过程中的高温加工适应性更好。

有一些物质，其本身虽没有抗氧化作用，但与抗氧化剂混合使用，却能增强抗氧化剂的效果，这些物质统称为抗氧化剂的增效剂。现已被广泛使用的增效剂有柠檬酸、磷酸、酒石酸、苹果酸、氨基酸等。

抗氧化剂用量一般很少，只有充分地分散在食品中，才能有效地发挥其作用。水溶性抗氧化剂的溶解度较大，在水基食品中一般分布较均匀。油溶性抗氧化剂在油脂中的溶解度较小，一般须先将其溶解在有机溶剂中，搅拌均匀后再加到油基食品中，最常用的溶剂是乙醇、丙二醇、甘油等。当油溶性抗氧化剂复配使用时，需要特别注意抗氧化剂的溶解特性，例如将 BHA、PG 和柠檬酸复配使用，前两者可溶于油脂，但柠檬酸难溶于油脂，不过三者都可溶于丙二醇，因此可选用丙二醇作为溶剂。

四、防腐剂

防腐剂是能抑制微生物活动，防止食品腐败变质的一类食品添加剂。有些物质可以消耗氧气或者隔绝氧气而达到抑制微生物生长的目的，习惯上这些物质称为防腐剂。防腐剂一般可以分为以下四大类。

1. 酸性防腐剂

如苯甲酸、山梨酸、丙酸和它们的盐类。这类防腐剂的特点就是体系酸性越大，其防腐效果越好。在碱性条件下几乎无效。

2. 酯型防腐剂

如尼泊金酯类、没食子酸丙酯、抗坏血酸棕榈酸酯等。这类防腐剂的特点就是在很大的 pH 值范围都有效，毒性也比较低。但其溶解性较低，一般情况下不同的酯要复配使用，一方面可提高防腐效果，另一方面可提高溶解度。为了使用方便，可以将防腐剂先用乙醇溶解，然后加入体系中。

3. 无机盐防腐剂

如含硫的亚硫酸盐、焦亚硫酸盐等，由于使用这些盐后残留的二氧化硫能引起过敏反应，现在一般只将它们列入特殊的防腐剂中。

4. 生物防腐剂

如乳酸链球菌素、溶菌酶等。这些物质在体内可以分解成营养物质，安全性很高，有很好的发展前景。坚果烘烤食品大都含有丰富的营养物质，在加工及储藏过程中易受微生物的污染而腐败变质。工业实践表明，采用防腐剂可以有效防止烘烤食品中微生物的感染和繁殖，延长其保存期。

5. 漂白剂

食品的色、香、味一直为消费者所重视，尤其是将色泽排于第一位，便可知颜色对食品的重要性。白色常给人一种清洁、卫生的感觉，为消费者所喜爱。如果食品中带有晦暗或令人不喜欢的颜色，很可能会失去市场。要消除这些不纯或难看的颜色，就得依赖于漂白剂的作用。在加工干果类食品时，常发生褐变作用而影响外观，这时就要求将黑褐色变成白色。有些果实或作物因为时间、季节、采摘时期、成熟度等原因，颜色也不均一，为使产品有均一整齐的颜色，此时也要将其漂白后再着色来达到目的。因此，漂白在食品工业中，对于食品品质的提高有着重要的作用。

食品工业中常用的漂白方法有还原漂白法、氧化漂白法和脱色漂白法。一般又将还原漂白法和氧化漂白法称为化学漂白法。

还原漂白法用的漂白剂大多属于亚硫酸及其盐类化合物，如亚硫酸氢钠、亚硫酸钠和焦亚硫酸钠等，它们通过所产生的二氧化硫的还原作用使果蔬褪色。亚硫酸盐类被广泛用于坚果食品的漂白与保藏，但其用量受到严格的限制。因为短时间摄入大量二氧化硫超标的食品，会对咽喉造成刺激，甚至会导致咽喉水肿、肿痛等疾病。

　　氧化漂白法是通过氧化剂强烈的氧化作用使着色物质被氧化破坏，从而达到漂白的目的。常见的种类有过氧化氢、过氧化钙、过氧化苯甲酰、漂白粉等。因为不易彻底清除，氧化漂白剂在坚果烘烤食品加工中实际应用很少。

第五章
澳洲坚果加工实用技术

第一节　澳洲坚果的脱皮技术

一、常规澳洲坚果脱皮的方法

刚收获的成熟澳洲坚果果荚含水量35%～45%，果仁含水量23%～25%，应在24 h内去果荚，如果不能在24 h内完成去荚工序，必须把带荚澳洲坚果存放在通风干燥的条件下摊晾，不能在阳光下直接暴晒，若带荚澳洲坚果堆放一起，在高温高湿的作用下澳洲坚果容易发酵腐败而影响品质。常用澳洲坚果脱皮的方法有人工脱皮法和机械脱皮法。

（一）人工脱皮法

用橡胶做垫固定澳洲坚果，然后用锤敲击使果皮分离。此法适用于小规模种植园，优点是果皮容易脱落，对壳果损伤不大，果仁的品质及出仁率较高。

（二）机械脱皮法

用双螺杆式脱荚机，在机械摩擦及压力的作用下使果皮分离，此法的优点是青皮易脱离，工效高，适用于大种植园。采用此法应把弹簧压力调至最佳位置，尽量不伤果壳，避免果壳破裂后影响果仁的品质。

二、澳洲坚果脱皮机

（一）澳洲坚果脱皮机结构特点

澳洲坚果脱皮机的总体结构如图 5-1 所示（来源于曾黎明：澳洲坚果脱皮机的研制与应用）。由进料斗、驱动机构、脱皮机构、机架和果皮收集斗五大部件构成。驱动机构采用电动机或柴油机作为动力，通过皮带或者齿轮与脱皮机构连接。脱皮机构由螺旋轴、弹性链式脱皮件和脱皮板构成。进料斗安装在脱皮腔体的上方，脱皮腔体的另一端是果实出口，脱皮腔体的下方设有果皮收集斗，带皮的澳洲坚果进入进料斗后，直接进入螺旋轴，输送到弹性链式脱皮件进行脱皮，脱皮后的果实由出口端排出，而果皮则落入脱皮腔体下方的果皮收集斗中，实现果皮和种子的有效分离。

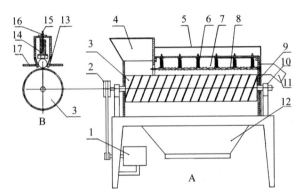

1.电动机（或柴油机）；2.传动机构；3.螺旋轴；4.进料斗；5.机盖；6.弹性压件；7.脱壳腔体；
8.脱壳链；9.机架；10.轴承盒；11.种子收集斗；12.果皮收集斗；13.脱壳板；14.弹簧；15.导向心杆；
16.开口销；17.调节杆

图 5-1 澳洲坚果脱皮机结构

上面所述的螺旋轴为大直径空心轴，螺距的大小主要根据澳洲坚果的大小设计，螺旋轴与脱皮板的距离从进料端到出口端由大逐渐变小，澳洲坚果从进料斗滑落后顺着螺旋带到与弹性链式脱皮件相交处脱皮，脱皮后一直到出口端。弹性链式脱皮件包括压紧手柄、弹性压件、固定杆、脱皮链和弹簧。脱皮链上方安装若干个弹性压件，压紧手柄将弹性压件压紧在脱皮链上，压紧手柄一端与机架铰接，另一端则用固定杆固定，脱皮链用弹簧连接在脱皮腔的正中部，螺旋轴的上方，与螺旋轴有一定的距离。上述的弹性压件包括压板、压缩弹簧、导向心杆、开口销等，每根导向心杆上有 3 个开口销的插口，以调节运动间隙和压紧力，下端焊有 4 个插脚，插脚插入脱皮链中，以控制脱皮链的运动方向。

（二）澳洲坚果脱皮机的工作原理

澳洲坚果果实进入进料斗后直接进入螺旋轴，在脱皮腔中由旋转的螺旋轴输送与脱皮板和脱皮链摩擦挤压，果皮破碎，脱落，种子脱出，果皮从脱皮板与螺旋轴的间隙中落入果皮收集斗中，种子则继续由螺旋轴输送至出料口，实现果皮和种子的有效分离，因脱皮板与螺旋轴的距离由前端至末端逐渐变小，先大果后小果逐渐脱皮，果实不需分级。

（三）澳洲坚果脱皮机的技术经济指标

本澳洲坚果脱皮机按目前以生产规格 800 kg/h 的设置测定的技术指标如下：澳洲坚果的 1 次脱皮率（指澳洲坚果经 1 次脱皮机后不返回）超过 90%，经返回后的脱皮率可达 99% 以上，脱皮完好率在 92% 以上，配套驱动电机功率 1.5 kW，机器占地面积 2 m² 左右，加工成本可控制在 0.1 元/kg 左右。设备制造成本在 0.5 万元以下，如果批量生产，则成本将可进一步降低。由此可见，生产澳洲坚果脱壳机的直接经济效益十分显著，因为它是澳洲坚果深加工必不可少的工序，故其利润相当稳定。间接经济效益则更是巨大，由于澳洲坚果深加工产品的国内外销售将给广大澳洲坚果种植户带来可观的效益。

（四）澳洲坚果脱皮机的特点

（1）成本低，价格便宜，不需要其他配套设备，设备占地面积小，不受地区、场地限制，一般的澳洲坚果专业大户、加工厂均可经营使用。

（2）结构简单、操作简便、性能稳定。

（3）由于采用大直径螺旋轴作为挤压（输送）辊，单位时间的加工量大。螺距的大小根据澳洲坚果的大小进行设计，螺旋轴与脱皮链条的距离从进料端到出口端由大逐渐变小，加上脱皮部件采用弹性链式结构，物料进出畅通，不会出现果实在脱皮腔中的堵塞现象，果实不需分级就能先大果后小果进行脱皮，无论新鲜与否，无论果实大小均能脱皮，脱皮和种子分离同时进行，脱净率、脱皮完好率高。

第二节　澳洲坚果壳果干燥技术研究

一、常规澳洲坚果干燥的方法

澳洲坚果干燥主要是通过控制外界温度，使澳洲坚果果壳和果仁受到的外界温度高于自身温度，形成内外温度差去除水分，达到澳洲坚果储藏或食用的适宜水分。大部分澳洲坚果还是通过自然晒干法、人工烘干法、热风干燥法和微波干燥法等传统的方式实现干燥。

（一）自然晒干法

自然晒干法适用于北方地区的气候特征。该方法是将漂洗干净后的澳洲坚果摊放在簸箕上，首先在阳光照射不到的阴凉地方晾半天左右，待大部分水分蒸发后再摊晒（澳洲坚果不能立即在日光下暴晒，否则会导致果壳爆裂，影响澳洲坚果品质）；然后再放置到阳光下晾晒，晾晒时澳洲坚果摊放的厚度以少于两层为宜，晾晒周期一般为 10 d 左右。在干燥过程中应经常翻动，以达到均匀干燥、色泽一致的效果。这种方法虽然经济实用，但其干燥周期长、脱水效果差、容易返潮、而且易受天气和自然环境的影响，澳洲坚果品质相对较差。

（二）人工烘干法

人工烘干法是将漂洗后的澳洲坚果摊放在干燥室内的架子上，然后在室内架上火炉，用炉火烘干。烘干操作过程如下：将烤房温度控制为 25 ～ 30℃，打开室内天窗，以去除部分水蒸气；待烘烤到四五成干时，将烤房温度升至 35 ～ 40℃，同时关闭室内天窗。此过程不能翻动澳洲坚果，烘烤时间大约为 10 h，直到大量水气排出之后，澳洲坚果外壳表面无水时开始翻动。翻动次数要随着澳洲坚果水分的降低而逐渐增多，最后阶段每隔 2 h 翻动 1 次。其中澳洲坚果的摊放厚度以两三层为宜，过薄易导致烧焦或裂果；过厚则不便于翻动，烘烤不均匀，致使澳洲坚果上层潮湿下层焦黑。此种方法需要熟练工操作，耗费人工、消耗资源，操作不当将直接影响澳洲坚果品质。

（三）热风干燥法

热风干燥法又称"瞬间干燥"，是在烘干室内鼓入热风使空气流动速度加快而进行干燥的现代干燥方法。热风干燥是以热空气为干燥介质，通过对流循环的方式与澳洲坚果进行湿热交换。湿热交换分两方面同时进行，一方面物料表面的水分透过表面气膜不断地向气流主体扩散；另一方面由于物料表面汽化的原因使物料表面与内部产生水分梯度差，外小内大，物料内部的水分逐渐向表面扩散，从而实现干燥的目的。鼓入热风的温度不能过高，应控制在 40℃ 左右，否则会使澳洲坚果果仁中的油脂氧化。

（四）微波干燥法

微波干燥法是指借助波导装置将微波发生器磁控管接收到的电源功率转化成微波功率传送到微波加热器以达到干燥物料的目的，水分的损耗因素要比其他物质的损耗因素大得多，微波加热利用介质损耗机理使物料中水分因吸收大量的微波场能量而迅速蒸发。由于物料表面水分的迅速蒸发冷却，使物料的表面温度和水分梯度要远低于其内部的温度和水分梯度，双重作用使得物料内外产生压力梯度，在压力梯度的作用下水分从内部排到表面再被蒸发。物料的初始含水率越高，压力梯度越大，干燥速度也越快。微波干燥克服了其他干燥方法因物料表面首先干燥而形成板结硬壳阻碍水分向外移动的缺点。大部分澳洲坚果外壳坚硬，收获后的干燥环节时间较长，费时费力，澳洲坚果的微波干燥方法尚未成熟，干燥费用也比较昂贵，因此澳洲坚果干燥成为澳洲坚果产业的一大难点，干燥方法的落后严重制约了澳洲坚果产业链的发展。

（五）二步干燥法（强制风干和热风为一体的干燥法）

二步干燥法是在不同温度下运用风机强制风干和热风干燥组合对采收后带壳澳洲坚果进行干燥，第一阶段是在 38℃ 以下进行的强制风干燥，使带壳澳洲坚果的初始含水量从 23%～25% 下降到中等含水量 8%～10%。然后采用 50℃ 高温热风干燥 72 h，使含水量由 8%～10% 降低到 1.5% 以下，以达到干燥目的，从而更有利于贮藏。

二、澳洲坚果壳果干燥技术研究现状

澳洲坚果作为集营养、医药、经济于一体的农业物料，其干燥技术的研究对澳洲坚果产业的发展具有十分重要的意义。

（一）国外澳洲坚果壳果干燥技术研究

国外学者 Marisa M. Wall 等分析了干燥或焙烤过程中澳洲坚果果仁的糖分和色泽，认为澳洲坚果主要的储存技术手段是干燥，在此过程中澳洲坚果果仁中的水分得到了有效去除，进而降低了酶的活性，抑制了化学反应在果仁内部的发生；低温干燥，果仁的糖含量对其产品质量无明显影响，高温干燥则会使果仁发生褐变反应；未完全成熟果仁的含糖量比成熟果仁的更高。

国外对干燥技术的研究起步较早，发展规模较大，应用领域遍及各行各业。大量的国外学者致力于干燥技术的研究和开发，其中有很多专业公司已将干燥仪器设备实现了标准化。J. F. Cykler 提出用冷冻热泵干燥系统来干燥澳洲坚果，第一步先降低空气中的含水率，然后再干燥带壳澳洲坚果，研究结果表明只需 6 h 就可将果仁的含水率从 20% ～ 30% 干燥至 1.5%，大大减少了干燥时间，缩短了干燥周期。研究还发现该技术并未对果仁风味、色泽等品质造成太大损害。M. Tsang 等研究了微波干燥技术，试验表明微波干燥澳洲坚果果仁产品的质量受微波功率与澳洲坚果初始含水率的影响。F. A. Silva 等用热风 – 微波相结合的方法对澳洲坚果进行了干燥，结果表明热风 – 微波干燥技术可以有效地减少干燥时间，缩短干燥周期。通过对澳洲坚果产品品质的检测发现，应用热风 – 微波干燥技术获得的果仁产品在质量上与传统工艺干燥的产品无显著差异。De la Cruz 等提出了含水率与温度是影响澳洲坚果长期稳定储存的主要因素。

（二）国内澳洲坚果壳果干燥技术研究

国内对澳洲坚果加工工艺的研究始于 20 世纪 70 年代末，基于种种原因，整体来说，国内澳洲坚果加工工艺、干燥技术和设备等方面突破较少，对澳洲坚果干燥技术的研究也比较匮乏，文献也很少。

国内学者黄克昌等采用风机强制风和热风干燥为一体的筒仓干二步干燥方式，研究了澳洲坚果的干燥规律。结果表明，与传统网筛干燥方法相比，风机强制风干与热风组合的筒仓干燥，可有效地减少澳洲坚果的干燥时间，提升澳洲坚果的干燥品质。王云阳对澳洲坚果进行了热风辅助射频干燥的可行性试验研究，为澳洲坚果射频干燥技术做了大量基础性的研究工作。

三、温度对澳洲坚果壳果干燥的影响

脱皮澳洲坚果带壳果水分含量很高，干燥温度低会延长干燥时间，干燥温度过高，果仁中心部分易褐变，品质严重下降。在不同干燥条件下，随着干燥时间的延长，澳洲坚果带壳果水分含量均呈下降趋势。随着干燥温度的升高，水分含量下降加快。

有研究表明，室温干燥 96 h 后，虽然各个质量指标值均较低，但干燥周期较长。40℃干燥后澳洲坚果果仁的各个质量指标值均符合 Q/RZJ001—2017 的要求，且含水量为 2.41%，符合澳洲坚果带壳果的破壳水分含量。50℃干燥条件下的澳洲坚果果仁品质也符合 Q/RZJ001—2017 的要求，但产品品质相对较差。60℃干燥条件下澳洲坚果果仁的干燥速率较快，干燥周期较短，但果仁褐变率高达 7.5%，表明该干燥条件对澳洲坚果果仁品质破坏较大。因此，带壳新鲜澳洲坚果干燥常用温度 40℃干燥 96 h。

第三节　澳洲坚果壳果的破壳技术研究

一、澳洲坚果壳果破壳方法

破壳取仁是澳洲坚果加工技术的一道非常重要的工序，破壳前的澳洲坚果果仁含水量一般控制在 2%～5%。通常采用人工或机械法使果仁和果壳分离。

（一）人工法

用手柄摇杆压力式半连续破壳机，压果时应注意将腹缝线与刀口面垂直放置，用力均匀，切忌猛压或多次连压，否则将影响澳洲坚果果仁的完整率，降低澳洲坚果果仁的商品价值。

（二）机械法

机械法的工作原理是用一把固定刀，一把旋转刀，在一定的腔里来回夹迫果壳，使壳和果仁分离。然后经过筛、拣选，再经清水浮选，进一步干燥至含水量 1.5% 以下，才适于贮存或以后的焙烤。

二、澳洲坚果壳果破壳机的种类

（一）压板式澳洲坚果破壳机

目前，世界上普遍使用的是压板式澳洲坚果破壳机。澳洲坚果锯壳机如图5-2所示（来源于宋德庆等：澳洲坚果破壳技术的发展现状及对策）。其工作原理是：澳洲坚果进入两压板之间的间隙，然后压板在机器的驱动下，逐渐缩小间隙压破果壳，随后恢复原位。另外，一种螺杆式破壳机，在螺杆上开有半月形的螺旋槽，澳洲坚果由螺杆边输送边压破外壳。这两种形式的破壳机缺点是压破果壳时也会伤及果仁，果仁的整仁率低，适合澳洲坚果产量大的加工。这样采用挤压方式加工的破壳设备，大约有25%无法回收的果仁损失，针对这一问题，从事澳洲坚果加工的研究工作者在继续探索新的澳洲坚果破壳方法和设备。

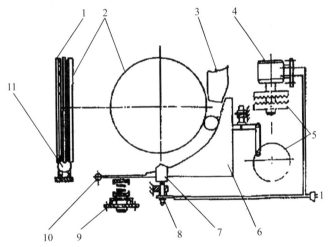

1. 锯片；2. 摩擦片；3. 进果口；4. 螺旋槽；5. 离合器；6. 弯槽；7. 开关；8. 控制开关；9. 弹簧调整机构；
10. 主轴；11. 坚果

图5-2　澳洲坚果锯壳机结构

Dursun发现了挤压位置对澳洲坚果破壳力的影响；Braga等研究了压缩破坏澳洲坚果果壳所需要的力、变形和能量；Liu等探索了压缩载荷下澳洲坚果的破裂行为；黄克昌只针对澳洲坚果果仁不同含水量破壳效果进行了初步试验；Palel发明了一种用二氧化碳激光束将壳切割成两半的方法，在该方法中，为了避免损伤果仁，采用一束低能量的激光束来监测和控制高能量的切割激光束，结果表明用激光束切割单个带壳果仁，整仁率几乎为 100%；Prussia 和 Verma 研究出了一种能够使澳洲坚果高速运动，冲击硬表面破壳的方法；Jakeway 等通过研究得出了澳洲坚果果壳破裂的最小变形量数据以及澳洲坚果果壳湿含量对最小果壳变形量关系数据，结果表明减少破壳所需的果壳变形量有可能改善整个破壳的效果，研究还发现，失效变形越小，破碎时获得的整仁就越大。通过减小失效变形，将大大提高澳洲坚果的破碎质量，提高果仁的回收率。在此基础上，他们通过试验发现，破壳前若在澳洲坚果上沿着厚度方向切上一圈"V"形凹槽，则将明显地减小仁壳的强度，减小失效变形，可使获得的整仁和半仁率从 75% 提高到88%，未破壳果仁比例从 14% 降低到 6%。此外，他们对破壳前的果核进行冷冻预处理后发现，经过这种处理后，可使整仁和半仁率从 75% 增至 90%，而未破壳果仁的比例从 14% 下降到 10%。若在破壳前，同时对其进行切槽和冷冻预处理，则整仁和半仁率会上升到 97%，未破壳果仁的比例可从 14% 下降到 12%。

（二）锯壳式澳洲坚果脱壳机

华南热带农产品加工设计研究所于 1998 年研制了澳洲坚果锯壳机，如图5-3 所示（来源于宋德庆等：澳洲坚果破壳技术的发展现状及对策）。锯壳式澳洲坚果脱壳机是将装在漏斗中的澳洲坚果经导果管逐粒落入水平半月形送果槽中，在送果连杆的推动下将澳洲坚果推入导果槽轮和压果板之间，并与高速旋转的圆锯盘接触，进入锯果状态。导果槽轮是带动澳洲坚果绕锯盘主轴作公转的部件，导果槽轮分成左右两半，分别由齿轮副带动作同步慢速转动；锯盘装在高速

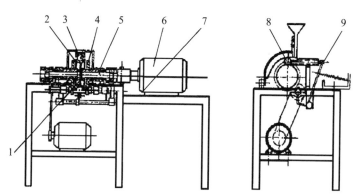

1.锯盘；2.导果槽轮；3.压果板；4.传动齿轮副；5.锯盘主轴；6.主轴电机 7.无极变速器；
8.坚果；9.送果机构

图5-3　澳洲坚果锯壳机结构

转动的锚盘主轴上，并位于左右两半导果槽轮的中间，锯盘的锯齿高出导果槽轮底部 2～3 ram。弓形压果板安装于导果槽轮的上方，作用是将澳洲坚果压贴在导果槽轮上，使锯盘沿着澳洲坚果直径的圆周方向进行锯壳。

为了适应一定范围内大小澳洲坚果的锯壳与输送，压果板与坚果接触的表面贴弹性材料。锯壳过程中，澳洲坚果除由导果槽轮带动绕锯盘主轴公转外，还受旋转和摩擦力矩的作用而产生自转，当澳洲坚果通过压果板时，已完成锯壳过程。经试验测定，试验型澳洲坚果锯壳机的效率为 15 kg/h，完全锯开率（锯开两半壳）约为 70%，其余 30% 可使用简单的工具撬开。在完全锯开的澳洲坚果中，整仁率为 60%。由于试验的澳洲坚果锯壳前的干燥处理不理想，大部分澳洲坚果的果仁与果壳在果蒂处黏结，直接影响整仁率，如果采取合理的干燥工艺，整仁率可以提高。

（三）板式澳洲坚果脱壳机

广西壮族自治区亚热带作物研究所于 2008 年研制了板式澳洲坚果脱壳机，如图 5-4 所示（来源于宋德庆等：澳洲坚果破壳技术的发展现状及对策）。板式澳洲坚果脱壳机螺旋轴由电动机或柴油机为动力，通过传动机构带动脱壳机构旋转，脱壳机构是由等距式或变距式螺旋轴和渐变距弧形脱壳板构成，澳洲坚果从进料斗进入后直接进入螺旋轴，受到螺旋轴和脱壳板的挤搓，果皮裂开，种子脱

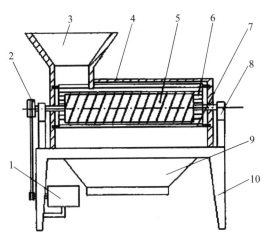

1.电动机；2.传动机构；3.进料斗；4.机盖；5.螺旋轴；6.脱壳板；7.轴承盒；
8.皮壳导出板；9.出料斗；10.机架

图 5-4　板式澳洲坚果破壳机结构

出，果荚和种仁分离收集，完成脱壳的过程。

（四）链式澳洲坚果脱壳机

广西壮族自治区亚热带作物研究所于 2008 年研制了链式澳洲坚果脱壳机，如图 5-5 所示（来源于宋德庆等：澳洲坚果破壳技术的发展现状及对策）。链式澳洲坚果脱壳机以电动机或柴油机为动力，通过齿轮或皮带与脱壳机构连接，脱壳机构是由螺旋轴、弹性链式脱壳件和脱壳腔体组成。澳洲坚果从进料斗进入后直接进入螺旋轴，输送到弹性链式脱壳件进行脱壳，完成脱壳的过程后分别收集果荚和种仁。

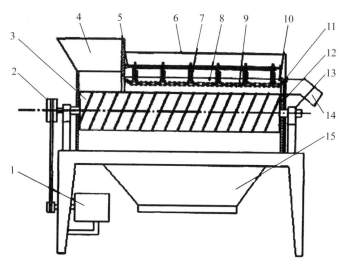

1.电动机；2.传动机构；3.螺旋轴；4.进料斗；5.压紧手柄；6.机盖；7.弹性压件；8.脱壳腔体；9.脱壳链；10.弹簧；11.固定杆；12.机架；13.轴承盒；14.出料口；15.果荚收集斗

图 5-5　链式澳洲坚果破壳机结构

（五）剪切式澳洲坚果破壳机

2009 年，中国热带农业科学院农业机械研究所研制了剪切式澳洲坚果破壳机，如图 5-6 所示（来源于宋德庆等：澳洲坚果破壳技术的发展现状及对策）。剪切式澳洲坚果破壳机，工作时澳洲坚果从进料斗落入落果槽，沿着带有一定倾角的落果槽进入果实定位装置上，旋转轮通过传动机构带动滑块向下移动，滑块带动刀具下移，对澳洲坚果进行破壳剪切；与此同时，在滑块下移的过程中，带动杠杆以支架为支点进行转动，使杠杆的位于进料斗的出口处的一端向上移动，对进料斗的出口起到疏通的作用，防止澳洲坚果堵塞进料斗；当滑块向上移动时，在复位弹簧的拉力配合下，使杠杆回位。

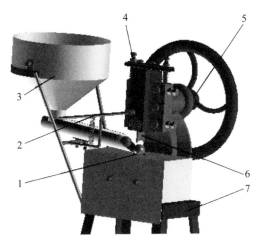

1.转动机构；2.刀具；3.机架；4.定位装置；5.杠杆式拨指机构；6.进料斗；7.限位装置

图 5-6　剪切式澳洲坚果破壳机结构

三、澳洲坚果壳果破壳力学特性研究

（一）澳洲坚果的基本物理参数

1. 含水率

澳洲坚果在 50℃条件下热风干燥特性曲线是一条典型的指数曲线。在干燥初期，果壳、果仁和带壳澳洲坚果含水率迅速下降，干燥后期下降速率明显降低，基本呈指数关系。这说明在干燥过程中水分蒸发可能是遵循指数规律而下降的。在整个干燥过程中澳洲坚果果仁含水率下降较明显，而果壳含水率的下降趋势相对平缓，在果壳和果仁的相互影响作用下，带壳澳洲坚果含水率的变化趋势始终处于果仁和果壳之间。

有研究表明，澳洲坚果在 50℃条件下干燥过程时，约 30 min 后果壳表面会出现裂纹。干燥初期果壳迅速脱水，而果仁中的水分不能及时蒸发出来，因此果壳内外存在压力差，这使得其表面出现裂纹，裂纹的出现使水分的逸出更加容易，因此澳洲坚果干燥过程多为降速阶段。

2.外形尺寸

对所测澳洲坚果的尺寸进行统计分析结果表明，平均种脐径的范围为24.092～24.573 mm，平均水平径的范围为24.473～25.098 mm，平均宽度的范围为24.280～24.744 mm，水平径一般大于宽度和种脐径。

在破壳取仁时，如果不先将澳洲坚果进行分级，则脱壳部件的间距就不好掌握，间距过大或过小都影响破壳效果。经过分级处理后澳洲坚果直径在同一范围内，则脱壳工艺参数容易调控，其脱壳效果也明显优于直径分布不均匀的澳洲坚果。

随着含水率的下降，澳洲坚果的三径（种脐径、水平径、宽度）的尺寸呈下降趋势。干燥过程中，澳洲坚果尺寸有一定的回升，可能是因为在干燥至此含水率时果壳和果仁的失水速率不同，使得内外水分不均衡而引起应力集中，导致三径尺寸比初始含水率时的尺寸略大。

3.壳　厚

对澳洲坚果果厚度同位置间的壳厚差异显著，不同含水率下顶端的壳厚在4.030～4.354 mm 的范围，而中部的壳厚在2.220～2.481 mm 的范围，可以认为澳洲坚果果壳的厚度是不均匀的，出现顶端厚、中部薄的特点。

4.密　度

随着含水率的降低，带壳澳洲坚果的密度先增加后减小，极大值约0.91 g/cm^3，出现在14%～17%的范围；果仁含水率小于带壳果，果仁密度随含水率的降低先增加后减小，极大值出现在15%左右，约为0.66 g/cm^3；果壳密度的变化规律在不同直径范围下有所区别，当直径小于24 mm 时果壳密度随含水率的降低而减小，直径大于24 mm 时，随着干燥的进行，果壳密度呈先增加后减小；不同直径范围下，带壳澳洲坚果和果仁的密度变化规律一致，但直径大的对应的密度也较大。

5.出仁率

澳洲坚果的出仁率并不是固定值。其出仁率随含水率的降低而呈降低趋势。在干燥过程中，果仁和果壳的含水率均减小，但二者减小的幅度并不相同，果仁含水率的减小速度一般大于果壳，因此导致果仁质量占澳洲坚果质量的比重（即出仁率）逐渐减小。

（二）澳洲坚果的收缩特性

1. 澳洲坚果果壳的干燥曲线及收缩曲线

通过干燥试验获得澳洲坚果果壳的干燥曲线，在干燥前期（干燥时间 <5 h）果壳含水率变化较大，干燥曲线较陡；而到干燥后期含水率变化相对较小，干燥曲线则渐趋于平缓。随着干燥的进行，果壳厚度的变化趋势与含水率的变化趋势相似，随含水率的降低而减小；但各个方向的收缩程度不同，一般表现为宽度向＜种脐向＜水平向。

2. 澳洲坚果果壳的线应变

澳洲坚果果壳在干燥过程中的线应变呈变化趋势，随着干燥的进行，果壳线应变的绝对值先是小幅增长，达到极值后会出现一定的回落，然后继续增长；线应变达到最大值后又会小幅回落，但与干燥初期相比仍呈增长趋势。3 个方向的线应变也有差异，一般为宽度向＜种脐向＜水平向。

3. 澳洲坚果果壳的湿线膨胀系数

干燥阶段澳洲坚果果壳的湿线膨胀系数也不相同，随着含水率的降低，湿线膨胀系数整体表现为增长趋势。干燥初期，果壳产生单纯的由失水引走的外拉内压，尺寸的收缩主要用于补偿水分的损失，此时湿线膨胀系数较小，且弹性模量较大。在干燥过程中，果壳外表层带动内层收缩，对内层产生压应力，随着含水率减少，压应力逐渐增大，致使湿线膨胀系数增大。

（三）澳洲坚果的破壳力学特性

有研究进行了单因素澳洲坚果破壳试验，研究各因素（加载位置、含水率、加载速率）等对澳洲坚果破壳力学特性（弹性模量、破壳载荷等）的影响；对各力学指标进行方差分析，获得影响显著的因素；进行回归分析，找出各因素与破壳载荷和弹性模量间的关系，建立含水率和破壳载荷间的回归方程。

1. 加载位置

加载位置不同，则澳洲坚果破壳载荷大小有差异，沿水平向加载时破壳载荷最小，沿宽度方向加载时破壳载荷最大，沿种脐方向加载时中等。在不同的方向下加载时，裂纹的产生部位和扩展方式是不同的。

澳洲坚果有一条种脐线，在热风干燥过程中，澳洲坚果的种脐线最先出现裂纹，随后裂纹逐渐扩展。种脐线的存在，打破了果壳完整、光滑的物理结构，导致了在不同位置施加载荷，载荷大小不一的情况。沿宽度向破壳时，受力点垂直于种脐线，只有当载荷足够大，压力传递至种脐线，才能使种脐线开裂，所以所需载荷最大；当在水平向破壳时，载荷直接作用于种脐线，因此沿种脐线方向很容易破裂，所需载荷最小；当在种脐向破壳时，受力点在种脐上，压力很快能传递到种脐线，因此所需载荷较小。加载位置不同，弹性模量也存在差异。沿水平向加载时弹性模量最小，沿种脐向加载时弹性模量最大，沿宽度方向加载时大小居中。当在水平向施压时，载荷直接作用于种脐线，因此沿种脐线方向极易发生变形，弹性模量也最小。由于壳仁间隙在顶端较小，而中间较大，因此在种脐向施压时，有载荷沿果壳传递到果仁，使得该方向的抗变形能力大幅增加，因此种脐向的弹性模量最大。

2. 含水率

加载速率固定为 24 mm/min，加载位置为水平向，破壳载荷的范围为 1 037.15 ～ 1 482.490N，含水率约为 7.27% 时，破壳载荷的值最大，含水率为 10.04% 时所需载荷最小，含水率为 10.04% 时破壳载荷较小。在不同含水率下澳洲坚果的破壳载荷不同。随着含水率降低，破壳载荷都有明显减小的趋势。随着澳洲坚果果壳含水率的下降，果壳脆性增强，抗压强度降低；在对澳洲坚果进行干燥过程中，由于澳洲坚果水分的蒸发，果壳内外表面形成压力差，使得果壳表面出现裂纹，从而大大降低了澳洲坚果果壳的抗压能力，使破壳载荷显著下降。因此应该在澳洲坚果含水率较低时进行破碎。

3. 加载速率

在不同加载速率下，破壳载荷的范围为 55.69 ～ 126.27 MPa，最大值出现在加载速率为 10 mm/min，而当加载速率为 30 mm/min 时破壳载荷最小。随着加载速率的增大，破壳载荷先迅速减小，再逐渐增大，出现一个极大值后破壳载荷的值继续降低。破壳载荷的标准差较大，约平均值的 1/3，这主要是由澳洲坚果间的个体较大造成的。

在不同加载速率下，弹性模量的范围为：最大值出现在加载速率为 70 mm/min，而当加载速率为 40 mm/min 时弹性模量小。随着加载速率的增大，破壳载荷先迅速减小，再逐渐增大，出现一个极大值后弹性模量的值继续降低。弹性模量的标准差一般大于平均值的 1/3，这主要是由澳洲坚果间的个体差异较大造成的。

在不同加载速率下，澳洲坚果的破壳载荷与弹性模量的变化规律比较接近，一般为先增后减再增，最小值出现在 30 ～ 40 mm/min，因此在设计破壳机械时应选择合适的加载速率，速率过大或过小均影响生产效率和稳定性。

（四）澳洲坚果干燥过程中的应力应变分析

1. 澳洲坚果果壳的径向应力

一般情况下，应力值体现为拉正压负。在干燥过程中出于水分由内向外逸出，故各单元层均受到外拉内压的应力，拉应力大于压应力，故多表现为向外的拉应力。① 澳洲坚果果壳从内到表层，径向应力由压应力转成拉应力。干燥过程中第一单元层出现压缩应力，可能是由于该阶段果仁的脱水速率大于与其相邻的第一单元层，该单元层内边界受到的压应力大于外边界受到的拉应力。② 由表层到内层，切向应力的值逐渐减小，即径向应力与单元层数正相关。③ 不同含水率下切向应力的值差异较大，其随含水率的变化规律与线应变很相似。随着干燥的进行，果壳径向应力的值先是小幅增长，达到某一极值后会出现一定的回落，然后继续增长；应力达到最大值后又会小幅回落。径向应力的最大值出现在第六干燥阶段，即干燥 5 ～ 8 h，含水率在 10.9% 左右。④ 径向应力的最大值为 0.51 MPa。

2. 澳洲坚果果壳的切向应力

澳洲坚果果壳内部的切向应力与径向应力的变化规律很相似。表层应力值最大，由表层到内层，切向应力的值逐渐减小，即切向应力与单元层数正相关，可利用一次函数进行拟合，相关性较好。切向应力的值在不同干燥时段的差异较大，其规律与径向应力一致。第六干燥阶段的切向应力值最大，此时果壳含水率约为 11.9%。切向应力的最大值为 0.3 MPa。

3. 澳洲坚果裂纹产生机理

澳洲坚果在干燥过程中极易产生裂纹，裂纹的产生与很多因素相关，如品种、收获时间和收获工艺、含水率、干燥工艺参数、贮藏环境等。在这些过程中澳洲坚果会处于吸湿解吸环境中，此时澳洲坚果内部会出现水分梯度，进而产生不均匀的膨胀或收缩，从而导致内部形成应力，当内应力超过极限强度时就会形成应力裂纹。将澳洲坚果置于 50℃ 的烘箱中进行热风干燥，干燥约 0.5 h 后，裂纹先从果壳表面的种脐线位置开始产生，然后在种脐线周围慢慢地出现横向裂纹；随着干燥的进行，裂纹数目逐渐增多，破裂程度逐渐加深，裂纹由表层向内层扩散。

裂纹由表层向内层扩散是自身应力作用的结果。在干燥过程中，由于澳洲坚果本身的含水率大于环境的平衡含水率，澳洲坚果的水分会向外界环境传递。首先是果壳表层的水分先向外传递，并导致的组织收缩；而澳洲坚果内部（果仁和果壳内层）还没有或很少释放出水分，此时整个澳洲坚果处于"内湿外干"的状态，即澳洲坚果内部产生由外向内的水分梯度，此时坚果外表面会受到拉应力的作用，而内层则会受到压应力的作用，在澳洲坚果内部出现"内压外拉"应力状态。随着干燥过程的进行，由于表层含水率降低，水分梯度也随之加大，梯度方向由外向内。果壳表层的拉应力随着干燥过程的持续而不断增长，当拉应力达到抗拉强度极限后，就会在果壳表层开始出现应力裂纹。因此，无论是径向应力还是切向应力，其数值都随单元层数的增加而增大，即越靠向果壳表层应力越大，因此，表层的应力值也更早的达到应力极限，从而发生断裂。

裂纹最先出现在种脐线的原因如下。① 种脐线打破了澳洲坚果表面的光滑结构，使得该位置的极限强度可能小于果壳表层其他位置；② 在种脐向和水平向的湿线膨胀系数一般较大，而种脐线是这两个方向的一条相交线，其收缩性能可能叠加，因此种脐线上的湿线膨胀系数应该大于果壳表面的其他位置；③ 在同一干燥时段，果壳的径向应力大于切向应力，且最大的径向应力集中在澳洲坚果表面，使得果壳表面极易产生大的径向应变而非切向应变。随着干燥的进行，切向应力值也逐渐大，达到极限强度后也会破裂，因此种脐线上也会慢慢出现横向的裂纹。

第四节　澳洲坚果果仁烘烤技术

一、炒　制

利用人工或机械干炒澳洲坚果，可降低澳洲坚果的含水量，从而产生较脆的质感，并且有助于延长产品的保质期。澳洲坚果或果仁经高温炒制后，由生变熟，蛋白质变性或淀粉发生糊化，更加有利于人体的消化吸收。同时炒制处理也是增强食品香味的一种做法。澳洲坚果烘烤食品的原料大都含有丰富的含氮有机物和还原糖类，这两大类物质在高温炒制过程中很容易发生美拉德反应，从而生成大量挥发性的风味物质，赋予制品浓郁的香味。虽然炒制程度越强，所产生的香味越浓，但过分炒制则会造成烤焦现象，产生焦糊味，控制适当的温度才能获得理想的风味。

一般在使用干炒方法制作烘烤时，须用沙粒拌炒，目的是让澳洲坚果或果仁在炒制时受热均匀，不至于局部被炒焦。沙粒大小一般以直径 2 ～ 3 mm 为佳，可采用白沙，也可采用黄沙或河沙。炒制前要先将沙粒洗净，除去石块，筛去细沙，然后晒干，用饴糖、植物油拌炒成"熟沙"备用。久经使用的陈沙比新沙更好。如果不用沙粒拌炒，也可使用粗盐。预先将沙粒或粗盐炒热至烫手程度，然后将预处理好的原料倒入锅中，加入一些辅料，并不断翻炒，使其受热均匀。有些烘烤不需事先将沙子炒热，可将原料与沙子或粗盐同时入锅拌炒。随着原料水分的逐渐减少，爆炸声由少变多，炒制至一定程度后爆炸声又逐渐由多变少，到基本听不到爆炸声时，意味原料已成熟，可将原料从炒锅取出。

二、油　炸

油炸是食品熟制和干制的一种加工方法，即将食品置于较高温度的油脂中，使其加热快速熟化的过程。油炸可以杀灭食品中的微生物，延长食品的货架期，同时可以改善食品风味，提高食品营养价值，赋予食品特有的金黄色泽。经过油炸加工的澳洲坚果制品具有香酥脆嫩和色泽美观的特点。油炸制品加工时，油可以提供快速而均匀的传导热能，食品表面温度迅速升高，水分汽化，表面出现一层干燥层，形成硬壳。然后，水分汽化层便向食品内部迁移，食品表面温度升至热油的温度时，内部温度也逐渐升高。同时食品表面发生焦糖化反应，部分物质分解，产生油炸食品特有的色泽和香味。食品在油炸时可分为 5 个阶段。

1. 起始阶段

将食品放入油中至食品的表面温度达到水的沸点这一阶段。该阶段没有明显的水分蒸发，热传递主要是自然对流换热。被炸食品表面仍维持白色，无脆感，吸油量低，食物中心的淀粉未糊化、蛋白质未变性。

2. 新鲜阶段

该阶段食品表面水分突然大量损失,外皮壳开始形成,热传递主要是热传导和强制对流换热,传热量增加。被炸食品表面的外围有些褐变,中心的淀粉部分糊化,蛋白质部分变性,食品表面有脆感并少许吸油。此阶段耗能最多、需时间最长,是油炸食品质构和风味形成的主要阶段。

3. 最适阶段

外皮壳增厚,水分损失量和传热量减少。热传递主要是热传导,从食品中逸出的气泡逐渐减少直至停止。被炸食品呈金黄色,脆度良好,风味佳。

4. 劣变阶段

被炸食品颜色变深,吸油过度,制品变松散,表面变僵硬。

5. 丢弃阶段

被炸食品颜色变为深黑,表面僵硬,有炭化现象。

油炸工艺的技术关键是控制油温和油炸时间,不同的原料其油炸工艺参数不同。一般油炸的温度为 $100 \sim 230℃$,根据原料的组成、质地、质量和形状大小,控温控时进行油炸,可获得优质的油炸食品。

三、微波加热

微波加热与传统加热相比有显著的差异,主要是由于加热形式和加热速度的不同,造成食物热能以及水分分布的不同,从而影响了食品的内在品质。食品放入微波炉,启动开关后,炉腔内充满了 2 450 MHz 的微波,在微波的作用下,会造成食品中带电荷的盐分与具偶极矩的成分如水、蛋白质、脂肪、糖类等分子,因电场的快速变换,造成离子与分子的线性加速碰撞摩擦与旋转震荡摩擦,最后因为高速碰撞摩擦而产生热能加热食品。随着微波技术及微波加工设备的不断发展,微波加工技术已广泛应用于食品加工中,现在市场上许多烘烤食品就是采用微波加热生产的,如微波脆花生、微波爆米花等。微波加热具有以下特点。

1. 加热速度快

常规加热如火焰、热风、电热、蒸气等,都是利用热传导的原理将热量从被加热物外部传入内部,逐步使物体中心温度升高,称之为外部加热。过程中要使中心部位达到所需的温度,需要一定的时间,同时需要较高的外部温度;热传导率较差的物体所需的时间就更长。微波加热是使被加热物体本身成为发热物体（称之为整体加热方式），不需要热传导的过程，因此能在短时间内达到均匀加热，可使热传导较差的物质在短时间内得到加热干燥，能量的利用率得到提高。

2.选择性加热

微波对不同介质特性的物料有不同的作用，这一点对干燥加工特性很有利。因为水分子对微波的吸收较好，含水量高的部位吸收微波功率多于含水量较低的部位，这就是微波选择性加热的特点。

3.节能高效

微波对不同物质有不同的作用，含有极性的物质容易吸收微波能量而发热。不含极性则很少吸收微波加热。微波加热 24 h 时，被加热物料一般都是放在用金属制造的加热室内，加热室对微波来说是个封闭的空腔，微波不能外泄，只能被加热物体吸收，加热室内的空气与相应的容器都不会发热，所以热效率极高，同时工厂的环境温度也不会因此而升高，劳动生产环境明显改善。

4.易于控制

与常规加热方法比较，微波加热的控制只要操纵功率控制旋钮，即可瞬间达到升降、开停的目的。因为在加热时只对物体本身加热，炉体、炉腔内空气几乎不加热，因此热惯性极小，应用计算机控制，特别适宜于加热过程和加热工艺的规范和自动化控制。由于微波加热速度快、时间短、难以达到很高的烘烤温度，对食品的香味化合物的贡献也相对要小。因此对于烘烤类食品来说，经微波加热后会使产品的烘烤感和烘烤风味下降。为了弥补微波食品风味上的缺陷，需要通过添加香精和美拉德反应产生焦香味，使微波食品在微波炉中加热或调配时，重新显示出食品在烧、炸、炒、烤和蒸等加工处理时诱人的鲜美风味。

四、远红外加热

随着现代化工农业的迅猛发展，能源的消耗越来越大，传统的方法主要是靠煤炭等方法加热，落后的技术造成了大量资源和能量的浪费。而传统能源的不可再生性以及利用效率不高、对环境污染严重等缺点促使人们不断探寻新的能源途径，许多新型加热技术已逐步推广使用。其中，远红外辐射加热技术就是一种高效、节能同时又符合环保要求的新型无污染加热技术。目前干果食品炒制技术，主要是燃气或燃煤加热常压滚筒炒制技术，该技术附带燃气或燃煤装置，操作使用不太便利，尚存污染环境的隐患。由红外板发射出的能量直接传递给物料，物料吸收能量后温度不断升高，使物料中水分蒸发并逐渐烘烤熟化。由于远红外加热的选择性，只有"频率匹配"的物料才吸收能量，而滚筒体基本上为反射性介质，空气为透过性介质，辐射能量在其上的损耗甚小，这一点是热风炒制所不具备的。远红外辐射技术具有如下特点。

（1）辐射率高，黑度大，接近黑体黑度。

（2）具有与多种物质吸收红外线光谱相匹配的辐射能谱的分布。只要辐射器发射的辐射能全部或大部分集中在物料的吸收峰带，辐射能就会大部分被吸收，实现良好的匹配，达到节能的效果。

（3）由于物料表层和表层以下同时吸收远红外线，所以加热较均匀，制品的物理性能较好。

（4）远红外辐射没有热惯性，在很短时间内就可以开始工作，也可以在很短时间内就停止工作，易于实现智能控制。另外，远红外还具有设备规模小、投资少、操作维修方便等优点。

五、裹糖衣

将澳洲坚果或果仁炒制或油炸成熟后，在其外面裹上糖衣，可增加制品风味。溶化后的糖浆含水量在20%以上，要使糖液达到糖体规定的浓度，就必须脱除糖液中残留的绝大部分水分，通过不断加热，蒸发水分直至最后将糖液浓缩至规定的浓度，这一过程称为熬糖。熬糖是制作糖衣类烘烤的关键步骤，实践证明，这一过程的实现既与物料温度的提高有关，也与物料表面的压强有关。糖液通过不断加热，吸收热量，自身温度得以不断提高。当糖液的温度升高到一定的温度时，此时糖液的内在蒸气压大于或等于糖液表面所受的压力时，糖液产生沸腾，糖液内大量的水分以水蒸气的状态脱离糖液，糖液的浓度得以提高。不同浓度的糖液其沸点也不同。糖液浓度越高，相应的沸点温度越高。在糖液熬煮到规定浓度的整个过程中，要维持糖液始终处于沸腾状态，从而保证水分不断从糖液中脱除。这样就必须不断给糖液加热。熬糖要选用洁白无杂质的绵白糖或砂糖，砂糖要品粒大，无碎末。根据产品的不同需要，糖衣的裹制有不同的要求。

六、着 味

各种香精（尤其是耐热性香精）的使用是制作不同风味澳洲坚果烘烤食品的重要方法。烘烤制品着味的方式主要有3种。

（1）将调味料和原料一起入锅煮制，制品的成熟与入味同时进行。这种入味方式在煮制过程中香精随蒸汽挥发很大，蒸煮入味后的炒货还要进行长时间的高温烘烤和二次复烤，这又使一部分香味随之挥发，因此成品只能保留一部分香味。

（2）先将调味料放入容器中，加水调制成溶液，待原料炒熟或通过其他方法熟制后，直接加入调味料液，迅速拌匀，再通过小火燎干或晾干。

（3）采用负压快速入味技术，该技术成功解决了烘烤入味难和高温煮制香味易挥发的难题。其主要流程是负压快速入味，脱水烘干，急火快炒。设备主要由真空获得系统、控制系统和调味料配制系统等组成。这种工艺可大大缩短加工时间，降低生产成本，提高烘烤风味。

第五节　澳洲坚果的榨油技术

一、澳洲坚果榨油的方法

在食品化学中，油脂是油和脂肪的统称，液体为油，固体为脂，其主要成分为甘油三酯。植物油是日常生活中经常食用的油类，通常从植物的种子、果实、胚芽中获取，如豆油、花生油、芝麻油、葵花籽油、菜籽油等。

根据食品法典中的定义，植物油脂是指以可食用植物为来源，通过机械方式（如压榨或挤出）获得的可食用植物性油脂。植物油是来源于一种植物油料或来源于多种植物油料用于烹饪、油炸、冷食（如沙拉）的混合油类。

当前澳洲坚果油的制取方法有机械压榨法、溶剂浸提法、水剂法、水酶法、超临界萃取法等。

（一）机械压榨法

机械压榨法是目前油脂生产加工企业最常用的方法，原理是利用机械外力的压榨原理，将油脂从破碎的油料结构中一次性挤压出来。压榨法制油工艺：首先对目标原料进行清洗、去皮去壳等预处理，碾压、蒸炒或膨化成油坯后进行压榨获得毛油和油饼。现有的压榨工艺根据原料预处理后压榨前是否进行热处理又分为热榨、冷榨。两种压榨法的共同特点是操作简单，无溶剂残留，但都有缺陷，且后续还需要精炼油，费时费力，因此，制约了压榨法制油的发展。

1.热榨法

热榨法是一种更为传统的制油方法，是将油料作物蒸炒制胚，再榨取油料，热榨制油存留残渣少，制出的油有浓厚的香味，但颜色深，且加工过程中的高温处理对油脂品质产生影响，营养成分损失严重，且加工后的饼粕蛋白一般会变性，造成蛋白浪费，不能有效后续利用。热榨法适用于本身出油量大的原料，为大多数企业选择的方式之一，例如压榨花生油。

2.冷榨法

冷榨法是指油料不经高温蒸炒预处理，在低于65℃（高水分油料低于50℃）的条件下借助机械压力将油脂从原料中压榨出来的工艺。在冷榨过程中油料主要产生如物料变形、油脂分离等物理变化。根据机械作用力的不同，冷榨法又可分为液压压榨法和螺旋压榨法。

冷榨制油属于纯物理方法，与热榨方法相比，具有如下优点：油料不经过高温压榨和预处理，避免了高温下油脂氧化酸败、色泽加深、出现焦糊味道的现象；不产生反式脂肪酸、油脂聚合体等有害物质，保护油脂中的脂溶性功能成分和天然风味不被破坏；所得油脂色泽浅、酸价低、氧化稳定性好，仅需要简单的精炼工艺即可得到高品质的油脂；在压榨过程中，油料中蛋白质变性程度低，色泽风味优良，能够在得到油脂的同时生产高活性的植物蛋白。

但是，冷榨法制油还存在不少的缺点，有很大的改进空间。首先，冷榨饼残油率高。一般而言，冷榨饼的残油可高达12%～20%，是热榨饼残油的2～3倍，虽然可以通过增加压榨压力和压榨次数来降低残油，但将会以牺牲冷榨油脂品质为代价，不可采用。其次，冷榨能耗比高，油料由于没有经过高温蒸炒和压榨，其中蛋白质不变性，与油脂结合紧密，不利于油脂的渗出，因此需要更高强度的压榨。同时，低温压榨过程中所产生风味物质较少，油脂香味并不足够浓郁。

（二）溶剂浸提法

溶剂浸提法又称为溶剂浸出法，最早起源于 1843 年的法国，该法一经兴起，便朝着规模化、成熟化的方向迅猛发展，如今国外油脂的提取有 90% 都依靠浸出法。我国在 20 世纪中期，尤其中华人民共和国成立后才开始广泛兴起的一种制油工艺。但是如今也已经成为油料生产企业的最佳之选。

溶剂浸提法原理及特点：利用固液萃取的原理，先将原料进行机械粉碎成均匀细小颗粒，将其与有机溶剂进行混合浸泡，利用分子扩散和对流扩散的传质过程，使油脂和溶剂相互渗透扩散，从而将油脂从固相转移到液相中，形成油脂和有机溶剂共存的混合油。再利用溶剂和油脂沸点、稳定性等物理特性的差别，采取旋蒸或汽提，将油脂最大限度的提取出来。溶剂浸提法制油可以明显提高出油率，残油不足 1%，并且制油后的籽粕还可进行蛋白质等物质的研究利用，操作简单，成本偏低。

影响浸提法出油率的因素有以下 5 种。

1. 溶剂选择

溶剂的选择对浸出油有至关重要的作用，并非所有的有机溶剂都可以作为浸提的溶剂，要能够满足提取工艺的要求：对油脂应有很好的溶解能力，同时对水等非油物质溶解度小或者不溶；沸点适当，应能够在普遍达到的条件下进行汽化，与油脂从混合油中分离；化学性质稳定且不易在提取过程中发生任何物理或化学变化；来源广泛且不对人体造成伤害等。

2. 浸出时间

原料在溶剂中进行充分的浸泡，使溶剂提取外表面的游离态脂肪以后，再有充分的时间浸入到原料表皮内部，使得溶剂与细胞质中的大分子结合态油脂充分接触，从而达到更好的浸提效果。

3. 浸提温度

由于分子扩散作用可以得知，当温度升高时，分子热运动越剧烈，分子的充分运动可以使油料充分与溶剂结合，但若温度过高，便会造成溶剂汽化量增加，压力增大，油脂浸出受阻。

4.含水量

物料的含水量过高，会影响溶剂对油脂的亲和性，无法做到充分渗透，含水量过低，会影响原料结构强度，形成粉末状颗粒，溶剂更无法渗透，从而影响提取。

5.料液比

料液比越大，浸出物与溶剂体系的浓度差越不易消除，越有利于提高浸出速率，提高出油率，但同时溶剂越多，会增大后续溶剂回收的工作量。因此，要控制适当溶剂比，以保证足够浓度差和粕中一定残油率。

（三）水剂法

水剂法制油由我国首创，是先通过机械外力预处理，破碎掉油料的细胞结构，利用油料种子中非油成分对油脂分子和水的亲和力差异，同时利用油水的比重不同，最终将蛋白质和油脂分离。水剂法又可分为水代法和水浸法。水代法生产过程安全，以水作为溶剂，提取的油脂品质好，能保存油脂的特有风味，可操作性强，但出油率低，存在蛋白质热变形严重的问题，且在浸提过程中易受微生物污染，只适合于芝麻、花生仁等高油分软质油料；水浸法出油率相对水代法高，条件温和，在提取油脂的同时，又可以提取相对变性较低的蛋白质，但风味较水代法差，含油量高、低的油料均可使用，主要应用在花生油、大豆油的提取上。

水剂法的最大特点是在制油过程中还可以同时提取蛋白质。但这种方法在制油过程中会形成大量的水包油型乳状液（O/W），严重影响出油率，这也是制约水剂法应用的主要"瓶颈"。在这方面大量学术工作者做了很多工作，发现通过蛋白酶进行深度水解可以有效破乳。因此，寻求替代蛋白酶水解的有效破乳方法对于推广水剂法制油工艺有重要意义。

（四）水酶法

水酶法工艺是在机械破碎的基础上，采用能降解植物油料细胞的酶或对脂蛋白、脂多糖等复合体有降解作用的酶（包括纤维素酶、果胶酶、淀粉酶、蛋白酶等）作用于油料，使油脂易于从油料固体中释放出来，利用非油成分（蛋白和碳水化合物）对油和水的亲和力差异，同时利用油水比重不同而将油和非油成分分离。水酶法工艺中，酶除了能降解油料细胞、分解脂蛋白、脂多糖等复合体外，还能破坏油料在磨浆等过程中形成的包裹在油滴表面的脂蛋白膜，降低乳状液的稳定性，从而提高游离油得率。

水酶法提取植物油与传统制油工艺相比具有以下工艺优点。

（1）从油料作物中同时分离油和蛋白质。

（2）设备简单、操作安全、植物油无溶剂残留和投资少。

（3）能除去油料中的异味成分、营养抑制剂因子和产气因子。

（4）由酶法分离得到的等电点可溶植物水解蛋白含有很高的附加值，能广泛应用于多种食品体系。

（5）由酶法分离得到的乳化油经破乳后无需处理即可获得高质量的油。

（五）超临界萃取法

超临界萃取（supercritical fluid extraction）技术是一种复合高环保理念的新兴技术，是在超临界流体填充的环境下进行分离提取的方法，是利用温度和压力均高于临界温度（Tc）和临界压力（Tp）的超临界流体进行萃取的一项技术。超临界流体兼具液体与气体的双重特性，不仅具有类似液体对溶质有较高溶解度的特点，还具有类似气体易于运动和扩散的特点，更重要的是超临界流体诸如黏度、扩散系数、密度等性质随温度和压力变化很大，因此可以实现选择性的萃取分离。

超临界萃取是利用萃取温度和压力对超临界流体针对目标物质溶解能力的影响而实现萃取分离的。在萃取过程中，超临界流体和目标物质接触，通过调节温度和压力，选择性的萃取极性、沸点、分子量不同的成分。最后，通过减压升温的方式使超临界流体和被萃取物质分离，达到萃取目的。整个萃取与分离过程短，效率高。

在超临界流体中，CO_2 的临界温度（31.1℃）和临界压力（7.387 MPa）都较低，萃取条件温和，不破坏油脂活性物质，防止油脂氧化，同时能较好的保护油料蛋白质成分，有利于其进一步的加工利用，并且 CO_2 不可燃、价格低廉、对环境友好，因此是最为常用的超临界萃取剂。CO_2 的萃取能力可通过对萃取温度和压力的调节来控制，从而能够选择性的萃取目标产品，减少油中色素、磷脂、游离脂肪酸等杂质，不仅简化了后续精炼工序，还最大程度地避免油脂中功能成分的损失。CO_2 在常温常压下为气体，无毒易回收，不存在有机溶剂残留的问题。但由于该技术对设备要求严格，运营成本较为高昂，目前在生产实践中还未得到广泛应用。

（六）亚临界萃取法

亚临界萃取技术（sbucritical fluid extraction）是与超临界萃取类似的另一种新型萃取技术，当溶剂的温度高于其沸点时，溶剂以气态的形式存在，当对其施加一定的压力后将气体液化，在此状态下利用其对所需溶质的溶解性进行萃取的工艺称为亚临界萃取技术。其萃取温度和压力均低于临界温度（Tc）和临界压力（Tp）。

亚临界萃取技术可以按所用萃取剂在室温下的状态分为加压液体萃取和加压液化气亚临界萃取。加压液体萃取的萃取剂在室温下为液态，如水、乙醇、氯仿、丙酮等，在高于沸点低于临界温度的条件下进行加压萃取，故又称加压溶剂萃取（pressurised solvent extraction）、加速溶剂萃取（accelerated solvent extraction）等。其中，亚临界水萃取技术应用最多，广泛适用于天然产物萃取、农残检测、色谱分离等领域。而加压液化气亚临界萃取的萃取剂在常温下则是气态，加压后变成液态，最常用的有丙烷、丁烷、四氟乙烷等，其中丙烷沸点 –42.07℃，丁烷的沸点为 –0.5℃。该技术在特种油脂提取、天然产物萃取、精油萃取、烟草减害降焦、羊毛脱脂、农残脱除等方面得到广泛的应用。

亚临界萃取的工艺较为简单，在常温、低压、密封真空的条件下，用液化的溶剂对目标物料进行萃取，萃取结束后，将萃取液在常温下减压蒸发达到产品和溶剂的分离，汽化的溶剂再经压缩机液化后继续循环使用。利用加压液化气亚临界技术萃取油脂，除具有与超临界相当的萃取条件温和、产物不氧化、蛋白不变性、简化油脂精炼等优点外，更具有设备成本低，耗能少、工作压力安全（0.3 ~ 0.7 MPa），生产规模大（0.1 ~ 200 t/d）等超临界技术所不具备的优势。虽然仍属于有机溶剂萃取，但产品中溶剂残留少，目前国内外大规模浸出生产油脂所用正己烷溶剂在油和粕中的残留分别是 50 mg/kg 和 700 mg/kg，相比之下，丁烷在油和粕中的残留较低，分别为 1 mg/kg 和 100 mg/kg，仅需要简单的脱溶工序即可。相对不足的是，亚临界萃取过程属于间歇萃取，需要花费较多的人力物力来完成多次萃取过程。特种油脂原料较少，仅适用于中小规模的生产，所以亚临界萃取技术非常适用于特种油脂的萃取，目前已产业化应用于生产大豆、核桃、花生、葡萄籽、小麦胚芽、茶籽等油料。

（七）超声波辅助萃取法

超声波是一种频率高于 20 000Hz 的声波，具有良好的方向性和穿透能力，在水中较其他声波有良好的声能，传播距离远，因其频率下限大于人的听觉上限而得名。超声波萃取技术（Ultrasonic-assisted extraction）是食品行业一种新型的提取分离工艺，是通过超声振动产生的巨大能量，穿透物料本身，给予物料极大的加速度，促使溶剂粒子形成膨胀和生长，从而达到提取的目的。目前超声波辅助技术在提取多种物质时得到极为广泛的应用，如莲房多酚提取，头发中金属元素铜、镁、锌的分离提取与纯化，表面活性剂 – 超声协同提取红景天总黄酮的工艺，分离提取花瓣中的色素，以及用超声辅助萃取来增加氧化作用、提高起泡性等。

油脂除以游离形式存在于细胞的液泡外，还有一部分是与细胞质中的糖类、蛋白质等大分子物质结合成的脂多糖或脂蛋白等复合体形式存在，要想将植物油脂提取完全，必须将细胞壁去除，复合体分离。超声波辅助萃取就是利用独特的功能，使溶剂以极大的速度进入振动状态，促使有效成分浸入溶剂，同时使萃取体系发生空化作用，使吸收的能量在极限的空间和时间内伴随冲击波得到释放，使细胞壁破裂，溶剂浸入，以达到提取目的的技术。目前借助超声进行油脂提取的研究不在少数，例如有超声波辅助优化超声强度和脉冲因子，配合混合溶剂提取深黄被孢霉油脂、超声波辅助液体加压提取红斑狼疮木油、响应面法优化超声辅助提取辣木油、超声波辅助提取水红木果油和牡丹籽油、超声波辅助乙醇浸出法提取棉籽油等。

超声波萃取技术与传统提取技术相比，效率高，安全性强，操作简单，不产生其他杂质，受到许多提取研究领域的青睐。超声波提取技术与传统技术复合，往往能达到更优的提取率。

（八）微波辅助法

微波辅助萃取法（microwave-assisted extraction）是 20 世纪 80 年代兴起的一种前处理技术。微波是指频率为 300 MHz ～ 300 GHz 的电磁波，具有穿透、反射、吸收的特性。微波辅助萃取是利用微波的特性，将微波产生的电磁能转化成热能，利用其选择性加热的特殊性，使溶剂受热产生压力，各细胞器受压膨胀，当到达临界压力以后，细胞壁被破坏，溶剂穿透原料浸入内部，将细胞内物质释放出来。

微波在食品中早期普遍多用于重金属，做湿法消解的前处理，如今将微波从原有模式中跳出来，辅助于传统的萃取技术，发现取得良好的提取率。如今微波辅助技术因为具有高效、快速简单、成本低廉、不易破坏天然活性成分等优点，逐渐应用于各种物质的提取工艺。朱燕通过 Fe_3O_4 辅助微波蒸馏离子液体顶空单滴微萃取（MD-IL-HS-SDME）的方法对薰衣草精油中油脂成分进行提取，陈君红通过微波辅助水酶法对牡丹籽油进行提取，周欲航对甘肃桃仁挥发物进行微波提取，R. Chandra Kumar 等研究微波辅助提取水黄皮籽油。

二、制油工艺对澳洲坚果油品质研究

（一）制油工艺对甘油三酯组成的影响

甘油三酯是由 3 分子长链级脂肪酸与 1 分子甘油缩合形成的脂肪分子，是植物油中最主要的成分（占 95% 以上），也是人体内含量最多的脂类，大部分组织均可以利用甘油三酯分解产物供给能量，构成其骨架上的三个脂肪酸的种类对植物油的营养价值具有显著的影响，有研究也表明，虽然组成油脂的脂肪酸种类相同，但因其脂肪酸酰化的位置不同，使得油脂的吸收代谢也有很大差异，进而影响到油脂的营养和应用价值，因此，每种植物油都具有各自独特的甘油三酯特性。

澳洲坚果油中主要检测出 18 种甘油三酯（表 5-1），分别为 OOO、POS、POO、POP、SOO、PLP、SLO、SOA、PLS、PPS、AOO、MOP、PSS、OLO、SOS、MLP、PLO、MOO，其中 OOO、POS 和 POO 含量最高，约占甘油三酯总量的 53%，结果表明澳洲坚果油中含有大量油酸；同时，压榨法和水剂法制得的澳洲坚果油甘油三酯组成基本相同，说明制油工艺对澳洲坚果油甘油三酯组成影响较小。通过分析油脂中甘油三酯的组成，可用于鉴别植物油的种类。此外，研究油脂中的甘油三酯组成，对于人类健康也具有非常重要的意义。

表 5-1　制油工艺对澳洲坚果油甘油三酯组成的变化

甘油三酯	压榨法	水剂法	甘油三酯	压榨法	水剂法
OOO	19.52 ± 0.12	21.36 ± 0.11	PPS	2.44 ± 0.01	2.33 ± 0.02
POS	16.98 ± 0.09	16.65 ± 0.12	AOO	2.19 ± 0.02	2.26 ± 0.03
POO	16.86 ± 0.07	16.59 ± 0.05	MOP	1.91 ± 0.04	1.68 ± 0.01
POP	8.77 ± 0.08	8.28 ± 0.02	PSS	1.85 ± 0.01	1.49 ± 0.04
SOO	6.33 ± 0.02	6.06 ± 0.01	OLO	1.37 ± 0.01	1.97 ± 0.01
PLP	5.96 ± 0.02	5.37 ± 0.02	SOS	1.32 ± 0.01	1.24 ± 0.01
SLO	4.11 ± 0.01	4.34 ± 0.03	MLP	1.12 ± 0.02	0.92 ± 0.01
SOA	3.21 ± 0.02	3.08 ± 0.01	PLO	1.03 ± 0.01	1.22 ± 0.02
PLS	2.99 ± 0.02	3.17 ± 0.02	MOO	0.95 ± 0.01	1.04 ± 0.01

注：O. 油酸；L. 亚油酸；P. 棕榈酸；S. 硬脂酸；M. 棕榈一烯酸；A. 花生酸

（二）制油工艺对主要脂肪酸组成的影响

澳洲坚果油的脂肪酸主要是由油酸、棕榈烯酸和棕榈酸组成，还含有一些硬脂酸、花生酸等饱和脂肪酸和少量的亚油酸、亚麻酸等不饱和脂肪酸。有相关研究报道，澳洲坚果油含不饱和脂肪酸超过 80%，油酸含量高达 58% ～ 65%。油酸具有预防和治疗高血压、冠心病、动脉粥样硬化等心血管疾病以及抗氧化等功效，同时油酸的充分摄取可促进人体钙、磷、锌等矿物质的吸收，因此澳洲坚果油是一种品质较好的植物油。

采用压榨法和水剂法得到的澳洲坚果油（表 5-2），其脂肪酸组成基本相同，水剂法制得澳洲坚果油中油酸含量较高（64.31 ± 0.11）%，与甘油三酯分析发现其含有大量油酸是一致的；棕榈一烯酸含量则是压榨法较高（14.89 ± 0.09）%；亚油酸和花生一烯酸含量也是压榨法较高，分别为（2.21 ± 0.02）% 和（2.48 ± 0.01）%；综合来说，压榨法得到的澳洲坚果油的总不饱和脂肪酸含量（83.12 ± 0.37）% 比水剂法（83.01 ± 0.22）% 较高，但与水剂法不存在显著性差异（$P > 0.05$），结果表明制油工艺对澳洲坚果油脂肪酸组成影响也较小。

表 5–2　制油工艺对澳洲坚果油主要脂肪酸组成的变化

主要脂肪酸	压榨法 /%	水剂法 /%	主要脂肪酸	压榨法 /%	水剂法 /%
油酸	63.08 ± 0.25	64.31 ± 0.11	花生酸	2.89 ± 0.09	2.99 ± 0.07
棕榈一烯酸	14.89 ± 0.09	13.67 ± 0.15	花生一烯酸	2.48 ± 0.01	2.45 ± 0.07
棕榈酸	8.52 ± 0.22	8.55 ± 0.12	亚麻酸	0.24 ± 0.01	0.24 ± 0.02
硬脂酸	3.77 ± 0.02	3.76 ± 0.01	芥酸	0.22 ± 0.01	0.25 ± 0.01
亚油酸	2.21 ± 0.02	2.09 ± 0.04	总不饱和脂肪酸	83.12 ± 0.37	83.01 ± 0.22

（三）制油工艺对澳洲坚果油生育酚、甾醇的影响

澳洲坚果油中含有大量的生物活性成分（表 5–3），压榨法和水剂法得到的澳洲坚果油中生育酚含量是相同的，且主要为 α- 生育三烯酚，其含量为 25.00 mg/kg，其他均未检出，这与大量报道的研究结果是相吻合的，Kaijsera 等研究发现了澳洲坚果油中几乎不含生育酚；Wall 对 7 个不同品种的澳洲坚果油的生物活性成分进行研究，发现大多数品种的澳洲坚果油中几乎不含生育酚，但却含有大量的生育三烯酚，生育三烯酚比生育酚含有更多的双键，更易淬灭自由基反应，可能增加澳洲坚果油的氧化稳定性；同时对压榨法和水剂法得到的澳洲坚果油中甾醇进行分析，压榨共鉴定出 3 种甾醇，分别为菜油甾醇、豆甾醇和谷甾醇，且甾醇含量最高的都为谷甾醇，其次是菜油甾醇，豆甾醇含量最少，水剂法提取的澳洲坚果油中三种甾醇的含量比压榨法较高，分别为 82.37 mg/kg、21.33 mg/kg、1 336.09 mg/kg，且压榨法制得的澳洲坚果油中未检出豆甾醇；Kaijsera 等对新西兰地区的澳洲坚果油中甾醇含量进行分析，共鉴定出 4 种甾醇类，分别为谷甾醇、5- 燕麦甾醇、菜油甾醇和豆甾醇，其总含量为 105 ～ 179 mg/100 g。

表 5–3　制油工艺对澳洲坚果油生育酚、甾醇的变化

微量营养成分　（mg/kg）		压榨法	水剂法
生育酚	α- 生育三烯酚	25.00 ± 0.02	25.00 ± 0.01
甾醇	菜油甾醇	71.97 ± 0.12	82.37 ± 0.11
	豆甾醇	未检出	21.33 ± 0.08
	谷甾醇	1 279.11 ± 1.35	1 336.09 ± 1.11
	总甾醇	1 351.08 ± 1.08	1 439.79 ± 0.86

（四）制油工艺对澳洲坚果油矿质元素的影响

采用 ICP-MS 对澳洲坚果油矿质元素进行分析，共检出 6 种矿质元素（表 5-4），分别为铁、钠、镁、铝、钙、磷，压榨法制得的澳洲坚果油中其含量分别为 0.46 mg/kg、2.80 mg/kg、3.30 mg/kg、2.60 mg/kg、8.30 mg/kg、9.70 mg/kg，水剂法分别为 0.23 mg/kg、2.70 mg/kg、未检出、2.10 mg/kg、6.50 mg/kg、2.00 mg/kg，赵静等研究澳洲坚果果仁中矿质营养元素，发现其富含锌、铜、锰、钙、镁、铁等，且其含量分别为铜 20.01 mg/kg；铁 82.86 mg/kg；锰 100.60 mg/kg，锌 38.51 mg/kg；钙 1 042 mg/kg，镁 1 023 mg/kg；Stephenson 等研究焙烤澳洲坚果果仁发现其含有钙 5.34 mg/kg、磷 2.41 mg/kg、铁 0.20 mg/kg。

表 5-4 制油工艺对澳洲坚果油矿质元素的变化

矿质元素 （mg/kg）	压榨法	水剂法
铁 （Fe）	0.46 ± 0.01	0.23 ± 0.02
钠 （Na）	2.80 ± 0.08	2.70 ± 0.05
镁 （Mg）	3.30 ± 0.11	未检出
铝 （Al）	2.60 ± 0.13	2.10 ± 0.09
钙 （Ga）	8.30 ± 0.21	6.50 ± 0.08
磷 （P）	9.70 ± 0.15	2.00 ± 0.06

（五）制油工艺对澳洲坚果油挥发性风味物质的影响

顶空固相微萃取是利用石英纤维萃取头表面的高分子层对样品挥发出的化合物进行萃取和预富集，在气相色谱进样口进行热解吸，质谱分析其挥发性成分的组成，利用此项技术能有效分析澳洲坚果油挥发性风味成分。

压榨法和水剂法制得的澳洲坚果油中鉴定出的挥发性风味物质分别为 41 种和 35 种（表 5-5），压榨法制得的澳洲坚果油检测出风味物质成分较多，澳洲坚果油的风味是由多种挥发性物质影响形成的复合风味，压榨法和水剂法制得的澳洲坚果油中芳樟醇含量最高，分别为 37.78% 和 46.63%，同时，压榨法制得的澳洲坚果油中桉油精和水芹烯含量也较高，分别为 18.12% 和 9.71%；且压榨法制得的澳洲坚果油的挥发性风味物质中烯类含量明显高于水剂法，分别为 24.55% 和 10.55%，说明压榨法制得的澳洲坚果油风味浓郁，这与前期研究发现，压榨的澳洲坚果油带有一种很浓郁的澳洲坚果特有的香气，水剂法制得澳洲坚果油则比较淡是相吻合的。

表 5-5　制油工艺对澳洲坚果油挥发性风味物质的变化　　　单位：%

挥发性风味成分	压榨法	水剂法	挥发性风味成分	压榨法	水剂法
烯类	24.55 ± 0.03	10.55 ± 0.02	正戊醇	0.11 ± 0.01	0.87 ± 0.02
α- 蒎烯	2.87 ± 0.02	1.06 ± 0.01	正己醇	0.63 ± 0.03	0.13 ± 0.01
β- 蒎烯	1.44 ± 0.03	未检出	庚醇	0.24 ± 0.01	0.07 ± 0.01
R-α- 水芹烯	0.50 ± 0.01	0.06 ± 0.02	桉油精	18.12 ± 0.16	3.32 ± 0.08
α- 水芹烯	0.92 ± 0.02	0.03 ± 0.01	辛醇	0.28 ± 0.01	1.12 ± 0.01
β- 水芹烯	8.29 ± 0.07	3.29 ± 0.03	芳樟醇	37.78 ± 0.27	46.63 ± 0.21
β- 月桂烯	3.23 ± 0.02	1.46 ± 0.01	茨醇	未检出	0.32 ± 0.01
α- 萜烯	0.69 ± 0.01	未检出	酯类	0.81 ± 0.02	4.18 ± 0.01
茨烯	0.55 ± 0.04	未检出	乙酸乙酯	0.63 ± 0.02	4.18 ± 0.01
D- 柠檬烯	3.19 ± 0.01	1.44 ± 0.05	丁内酯	0.18 ± 0.01	未检出
反式 -β- 罗勒烯	0.46 ± 0.01	0.30 ± 0.01	酚类	1.91 ± 0.03	6.89 ± 0.04
顺式 -β- 罗勒烯	1.07 ± 0.03	0.30 ± 0.01	甲苯	0.63 ± 0.03	2.61 ± 0.04
γ- 萜烯	0.83 ± 0.04	0.16 ± 0.01	p- 二甲苯	0.42 ± 0.01	3.08 ± 0.02
2- 蒈烯	0.36 ± 0.01	0.26 ± 0.03	o- 二甲苯	0.14 ± 0.02	1.03 ± 0.01
苯乙烯	0.15 ± 0.02	2.19 ± 0.02	1- 甲 -3-（1- 甲乙）- 苯	0.61 ± 0.01	0.06 ± 0.02
醛类	5.69 ± 0.08	4.69 ± 0.04	2.5- 二甲基硫吡嗪	0.11 ± 0.01	未检出
戊醛	0.15 ± 0.01	未检出	烷烃类	3.92 ± 0.06	12.22 ± 0.11
庚醛	0.40 ± 0.03	0.19 ± 0.01	2- 甲基戊烷	未检出	2.50 ± 0.04
苯甲醛	0.10 ± 0.01	未检出	3- 甲基戊烷	未检出	1.31 ± 0.03
辛醛	0.54 ± 0.02	0.42 ± 0.01	正己烷	0.80 ± 0.02	6.26 ± 0.01
3,4- 二甲氧基苯乙醛	0.42 ± 0.03	未检出	2,4- 二甲基己烷	1.22 ± 0.04	未检出
壬醛	0.90 ± 0.01	未检出	庚烷	0.34 ± 0.01	1.78 ± 0.06
茨酮	3.18 ± 0.07	3.96 ± 0.04	葵烷	0.50 ± 0.02	0.13 ± 0.01
醇类	57.55 ± 0.24	54.46 ± 0.12	十一烷	0.49 ± 0.01	0.11 ± 0.02
乙醇	0.39 ± 0.01	1.78 ± 0.03	十二烷	0.57 ± 0.01	0.13 ± 0.01
丁醇	未检出	0.22 ± 0.04			

三、澳洲坚果油及其产品（图5-7）

散装澳洲坚果油

礼盒装澳洲坚果油

澳洲坚果手工皂

澳洲坚果系列护肤品

图5-7　澳洲坚果油及产品

第六节　澳洲坚果蛋白的提取技术

一、植物蛋白提取方法

目前植物蛋白的提取方法主要有碱溶酸沉法、盐溶法、有机溶剂提取法、酶法、超滤法以及Osborne四步分级分离法等。前几种方法用于提取总蛋白，

Osborne 四步分离法则是根据 4 种蛋白组分的溶解性不同，将 4 种蛋白组分分离。

（一）碱溶酸沉法

碱溶酸沉法是根据大多数植物蛋白的等电点在酸性环境的特性，首先通过碱液使蛋白质溶解，再调节溶液 pH 值至等电点附近使蛋白质聚集沉降，以达到除去可溶性杂质的目的。

碱溶酸沉法是经典的蛋白质提取方法，广泛用于各种植物蛋白的提取中，这种方法制得的蛋白产量较大，操作简单易行，并且已经运用于工业化生产蛋白质中。钟俊桢等采用碱溶酸沉法从腰果中提取蛋白，提取率约为 79.0%，蛋白纯度为 86.62%；范方宇等采用碱溶酸沉法提取澳洲坚果蛋白，提取率为 54.7%，蛋白纯度为 82.24%。

（二）盐溶法

盐溶法是利用大部分蛋白质溶于水中和少数蛋白质溶于稀盐中的特点，首先通过盐溶液使蛋白质溶解，经过离心除去水不溶物质，最后将蛋白质溶液透析除去盐离子使蛋白质沉淀析出。此法操作简便，条件温和，对蛋白质破坏作用较低，但盐溶法提取的蛋白质一般为小分子的清蛋白和球蛋白，会造成一些不溶于盐溶液的蛋白质损失，因此得率较低。徐建国等研究了盐溶法提取桑椹籽蛋白的最佳工艺条件。

（三）有机溶剂提取法

有机溶剂提取法在蛋白质分子处于等电点附近时，加入有机溶剂能降低溶液的电解常数，使蛋白质分子间引力增加，从而聚合沉淀。有机溶剂的水合作用也会破坏蛋白质表面的水化层，促使其沉淀。

常用于蛋白质提取的有机溶剂有乙醇、丙酮、三氯醋酸等，因为它们具有较强的亲油性，同时也有一定的亲水性，是理想的蛋白质提取溶剂。

（四）酶　法

酶法是利用蛋白酶来酶解植物组织中的蛋白质，使蛋白质水解成分子量较小、溶解性质较好的多肽，从而更容易被提取出来。此法多用于大米蛋白等含谷蛋白较多，溶解性较差的植物蛋白。

相对于碱溶酸沉法，酶法具有反应时间短、条件温和且环境污染少等优点，但是酶法提取的成本制约了其在工业中的应用。李圆圆等用酶法提取了茶渣蛋白质，结果表明其营养价值、热稳定性、溶解性及乳化性质皆优于碱溶酸沉法得到的蛋白质。

（五）超滤法

超滤法是基于膜分离技术的分子筛原理，通过高速离心将小分子杂质与大分子蛋白质进行分离。超滤法具有高效、工艺简单和污染少等优点，国外已有食品企业开始采用超滤法生产大豆蛋白，有研究表明，超滤法可以提高蛋白质功能特性，有效地去除一些抗营养因子。

（六）反胶束法

反胶束萃取是一种新型的生物大分子分离纯化技术，在食品、医药和材料方面已经有广泛的运用。反胶束法主要是利用其表面活性剂的极性端与水接触形成极性核心，此极性核心具有增加蛋白质溶解度的能力，从而将植物蛋白萃取出来。该方法成本低且条件温和，表面活性剂分子层能避免蛋白质与有机溶剂接触，因此可避免蛋白质变性失活，具有良好的应用前景。

（七）Osborne 四步分离法

Osborne 四步分离法是在 20 世纪初，由 Osborne 首次应用于小麦蛋白分步提取，依次获得水溶清蛋白、盐溶球蛋白、乙醇溶解的醇溶蛋白和碱溶谷蛋白 4 种组分，进而根据不同溶剂提取提出了连续提取法。其中，可溶性蛋白是清蛋白和球蛋白，不溶性蛋白是醇溶蛋白和谷蛋白。近年来，利用 Osborne 分离法来提取、分离谷物蛋白越来越受到科学家的关注。

2003 年，陈季旺等从米糠中提取可溶性蛋白并对提取工艺进行了研究；2010 年，唐传核等用 Osborne 分离法对荞麦蛋白进行分级提取，得到纯度分别为 57% 和 96.7% 的清蛋白和球蛋白组分；2011 年，邓乾春等在 Osborne 分离法的基础上作了些许改动，利用硫酸铵盐溶盐析作用提取获得纯度较高的白果清蛋白（87.7%）和球蛋白（93.4%）并将其功能性质与白果分离蛋白作对比分析，结果表明：清、球蛋白组分在溶解性、起泡性和乳化性方面均优于分离蛋白；2016 年，Ajibola 等通过改进 Osborne 分离法，成功提取出非洲豆薯清、球蛋白组分并分析了其多肽组成。

二、澳洲坚果蛋白的研究现状

（一）澳洲坚果蛋白的营养价值分析

蛋白质营养价值主要是由食品原料中的蛋白质含量、必需氨基酸配比和种类决定。澳洲坚果蛋白约占果粕质量的30%，含量较高，是一种用来提取植物蛋白的优质资源。已有研究表明，澳洲坚果粕中含有丰富的氨基酸，配比均衡，其必需氨基酸组成比例基本符合FAO/WHO/UNO推荐成人标准，且氨基酸比值系数为86.95。澳洲坚果粕中含有亮氨酸、丝氨酸、赖氨酸等17种氨基酸，其中谷氨酸约占3.84%，是含量最高的氨基酸，其次是精氨酸和天门冬氨酸。谷氨酸是生物生长代谢中重要的氨基酸，可促进大脑发育。精氨酸能促进细胞分裂和伤口复原，有利于体内氨的排出。

（二）澳洲坚果蛋白的功能性质

目前，国内外关于澳洲坚果蛋白功能性质的研究相对较少。Marcus等从澳洲坚果7S球蛋白中发现了新型抗菌多肽；范方宇等研究了澳洲坚果蛋白提取和多肽制备，并进一步研究了蛋白酶解工艺及多肽抗氧化性；Sharma等报道了从澳洲坚果脱脂粉中提取蛋白的功能性质；Bora等报道了pH值对澳洲坚果分离蛋白的提取率及功能性质的影响；郭刚军等研究了从液压压榨澳洲坚果粕中提取蛋白质并对其组成和功能性质进行分析，也研究了蛋白酶酶解果粕制备多肽的工艺优化。

（三）澳洲坚果蛋白的加工现状

目前，国内外对澳洲坚果蛋白的加工还处于初级起步阶段，对澳洲坚果蛋白进行分级分离和深加工技术还较为缺乏，对蛋白产品的开发利用则更少，特别是利用冷榨法提取高级食用油之后的澳洲坚果粕，其富含优质蛋白质资源，目前仅部分作为动物饲料或直接丢弃，造成了极大的资源浪费。因此，从澳洲坚果粕中提取优质植物蛋白并应用于食品工业中，能大幅提高产品的附加值和利用率。

第七节　澳洲坚果的包装技术

中国国家标准GB/T 4122.1—2008《包装术语　第一部分：基础》中对包装

的定义是："为在流通过程中保护产品、方便贮运、促进销售，按一定技术方法而采用的容器、材料及辅助物等的总体名称。也指为了达到上述目的而采用容器、材料和辅助物的过程中施加一定技术方法等的操作活动。"其他国家或组织对包装的含义有不同的表述和理解，但基本意思是一致的，都以包装功能和作用为其核心内容，一般有两重含义：① 关于盛装商品的容器、材料及辅助物品，即包装物；② 关于实施盛装和封缄、包扎等的技术活动。

一、澳洲坚果带壳果包装技术

包装作为实现商品价值和使用价值的手段，在生产、流通、销售和消费领域中，发挥着极其重要的作用。包装的功能是保护商品、方便运输和贮存、促进销售。包装作为一门综合性学科，具有商品和艺术相结合的双重性。目前，澳洲坚果带壳果的包装方式主要包括纸盒包装、塑料袋密封包装、铁听包装等。

（一）纸盒包装

纸盒包装材料多用白板纸、胶板纸等。用纸盒包装时，要先将澳洲坚果壳果用塑料作为内包装，盒外用蜡纸或薄膜裹包。这种包装的包装强度较好，有一定的抗压性，且非常美观。

（二）塑料袋密封包装

塑料袋是一种很好的防潮包装材料，在澳洲坚果带壳果包装中应用最多，主要形式是散装，即将计量的澳洲坚果带壳果一起倒入袋中，再用热封封口。这种包装简单，销售方便。

（三）铁听包装

包装时，听内用塑料加工成各种槽型的薄膜托盘，轻巧、美观，排列整齐，不易破碎。这种包装密封性最好，包装强度高，外观鲜艳，大方，遮光性极好，经久耐用，但需要大量的空间存放空罐，因此，罐和盒现仅用于澳洲坚果的大包装及作为高档礼品包装。

二、澳洲坚果果仁包装技术

（一）洲坚果果仁包装方法

一般澳洲坚果果仁的包装有 3 种，普通包装、真空包装和真空充氮包装。

1.普通包装

即热封包装，是利用如电加热、高频电压及超声波等外界的各种条件，使塑料薄膜封口部位受热变为黏流状态，并借助一定压力，使两层薄膜熔合为一体，冷却后使一定的强度和密封性能得以保持，使商品在包装、运输、贮存和消费过程中能承受一定的外力可以得到保证，使商品不会出现开裂、泄漏的情况，从而达到保护商品的目的。

2.真空包装

也称减压包装，是将包装容器内的空气全部抽出密封，维持袋内处于高度减压状态，空气稀少，使微生物失去"生存的环境"，有效地防止食品变质，保持其色、香、味及营养价值，以达到果品新鲜、无病腐发生的目的。

真空包装的机理：其目的是减少包装内氧气含量，防止包装食品的霉腐变质，保持食品的色香味，并延长保质期。另一个防止食品氧化，减少维生素 A 和维生素 C 损失，保持其色、香、味及营养价值。

目前应用的有塑料袋内真空包装、铝箔包装、玻璃器皿、塑料及其复合材料包装等。可根据物品种类选择包装材料。

实验证明：当包装袋内的氧气浓度 ≤ 1% 时，微生物的生长和繁殖速度就急剧下降，氧气浓度 ≤ 0.5% 时，大多数微生物将受到抑制而停止繁殖（注：真空包装不能抑制厌氧菌的繁殖和酶反应引起的食品变质和变色，因此，还需与其他辅助方法结合，如冷藏、速冻、脱水、高温杀菌、辐照灭菌、微波杀菌、盐腌制等）。

3.真空充氮包装

真空充气包装将食品装入包装袋，抽出包装袋内的空气达到预定的真空度后，再充入氮气，然后完成封口工序。其氮气是惰性气体，起充填作用，使袋内保持正压，以防止袋外空气进入袋内，对食品起到一个保护作用。

真空充气包装的主要作用除真空包装所具备的除氧保质功能外，主要还有抗压、阻气、保鲜等作用，能更有效地使食品长期保持原有的色、香、味、形及营养价值。

（二）澳洲坚果果仁包技术研究

混合品种的成熟澳洲坚果，经脱皮后室内自然晾干进行人工干燥至壳果水分含量为 2%～4%，再脱壳、水浮选、脱水，50～80℃干燥得含水量为 1.5% 以下生果仁，经 125～135℃焙炒果仁。

1. 焙炒澳洲坚果果仁

（1）真空包装。

焙炒澳洲坚果果仁在常温、阴凉、干燥的贮存条件下，真空包装贮存 12 个月，酸值变化速度较均衡，升高 0.110 3；过氧化值前 6 个月变化不明显，在贮存到第 8 个月呈明显升高趋势，升高 2.493 2；澳洲坚果果仁样品 8 个月前口感和颜色变化不明显，9 个月后颜色变深，口感变差，到 12 个月时有明显异味。真空包装的焙炒澳洲坚果果仁可保质贮存 7～8 个月。

（2）真空充氮包装。

在常温、阴凉、干燥的贮存条件下，真空充氮包装焙炒澳洲坚果果仁贮存 12 个月，酸值从 0.303 3 升至 0.347 4，幅度很小，几乎没有变化。过氧化值到 11、12 个月明显升高。澳洲坚果果仁在贮存 11 个月前口感和颜色无明显变化；贮存 12 个月，有个别果仁口感异常，颜色变深，但仍可食用。因此，真空充氮包装的可保质贮存为 10～12 个月。

（3）普通包装。

在常温、阴凉、干燥的贮存条件下，普通包装焙炒澳洲坚果果仁贮存 12 个月，酸值从 0.233 3 升高到 0.498 4，变化亦较小，但在贮存 7 个月后，过氧化值升高较快，到 12 个月时达 4.485 7。虽然测定值还没有达到国家标准的控制指标（6.0），但澳洲坚果果仁在贮存 6 个月时就出现个别果仁口感异常、颜色变深的现象，7 个月后拆开包装袋有轻微异味，9 个月后果仁颜色全部变深，有明显异味，口感明显劣变，不能食用。普通包装的则的可保质贮存为 5～6 个月。

2. 生澳洲坚果果仁

（1）真空包装。

在常温、阴凉、干燥的贮存条件下，生澳洲坚果果仁真空包装贮存 12 个月，酸值变化范围在 0.252 2～0.539 3，酸值升高 0.287 1，比焙炒果仁酸值（0.110 3）高出 2 倍；过氧化值在 6 个月前变化不明显，6 个月后变化速度明显升高。贮存果仁 6 个月前颜色、口感均变化不大，而 8 个月后颜色变深，口感明显变差。真空包装的生果仁可保质贮存 6 个月。

（2）真空充氮包装。

真空充氮包装生澳洲坚果果仁贮存 12 个月，酸值从 0.243 1 升至 0.432 2，变化不明显；过氧化值从 0.206 0 升到 2.699 2，变化速度较酸值大。在贮存 9 个月前果仁颜色和口感均无异常，10 个月后口感已轻微异常，12 个月时果仁颜色变深，个别果仁口感变差。真空充氮包装的生澳洲坚果果仁可保质贮存 9 个月。

（3）普通包装。

生澳洲坚果果仁样品在 4 个月以前颜色、口感均无异常，5 个月后颜色逐渐变深，7 个月后明显变味，不能食用。普通包装的生澳洲坚果果仁则只能保质贮存 4 个月。

第六章
澳洲坚果初加工工艺技术

第一节　澳洲坚果壳果加工技术

一、原味澳洲坚果壳果加工

（一）工艺流程

澳洲坚果带皮成熟果→脱果皮→筛选分级→带壳果干燥→果壳开口→清洗→带壳果干燥→烘焙→原味坚果成品（图6-1）。

（二）操作要点

1. 脱果皮

刚收获的成熟澳洲坚果果皮含水量 35% ～ 45%、果仁含水量 23% ～ 25%，因而不宜长时间堆放，应在 24 h

图6-1　原味澳洲坚果成品

内脱去果皮。若不能在 24 h 内完成脱果皮工序，则必须将其摊晾在通风干燥处且禁止暴晒，宜尽快完成脱皮处理。澳洲坚果脱果皮主要采取人工脱果皮法和机械脱果皮法 2 种方式。

2. 筛选分级

带壳果用筛或多级转筒式分级机进行分级。一级果直径 ≥ 27 mm，27 mm> 二级果直径 ≥ 24 mm，24 mm> 三级果直径 ≥ 18 mm。

3. 带壳果干燥

澳洲坚果脱去青果皮后，果仁含水量高达 23% ～ 25%，故要及时进行干燥处理，只有正确的干燥工艺及时间才能获得耐贮藏的带壳果和品质高的果仁。目前，带壳果的干燥处理通常采用自然风干和人工干燥 2 种方式进行。带壳果加工厂通常把带壳澳洲坚果放入干燥箱或干燥仓内，经人工鼓风和加温进行干燥。为了保证果仁的质量及延长带壳果贮存时间，可以采用下述步骤进行带壳果干燥处理：摊晾（2 ～ 3 d）→常温（2 ～ 3 d）→ 38℃（1 ～ 2 d）→ 44℃（1 ～ 2 d）→ 50℃（干燥至要求的含水量为止）。

4. 果壳开口

用澳洲坚果专用果壳开口机对澳洲坚果的果壳进行开口。采用此方法应将开口机刀片调至最佳位置，避免伤及果仁或开口不彻底。开口带壳澳洲坚果应达到的开口标准：开口的长度 ≥ 1/2 果壳周长，开口宽度 ≥ 0.8 mm，但果壳不能裂开。

5. 清 洗

澳洲坚果开口之后，坚果上会粘有灰尘，应使用洁净的水进行清洗，清洗方式为人工或机械清洗，人工清洗法适用于少量果清洗，机械清洗法适合大批量清洗。

6. 开口果干燥和烘焙

清洗干净的开口澳洲坚果沥水后，应立即置于烘箱或烤箱中烘干至果仁水分含量低于 1.5%，干燥结束后，冷却至室温进行包装及后续处理。若不立即烘干，开过口的澳洲坚果果仁会吸水，加之长期暴露在空气中，会因油脂含量较高发生氧化导致酸败、果仁品量降低，影响后期食用口感。

二、调味澳洲坚果壳果加工

（一）工艺流程

澳洲坚果带皮成熟果→脱果皮→带壳果干燥→筛选分级→果壳开口→清洗→

配料液浸泡→淋洗→干燥→烘焙→调味坚果成品。

（二）操作要点

1. 脱果皮、带壳果干燥、筛选分级、果壳开口、清洗

同上述原味澳洲坚果的加工工艺相同。

2. 配料液浸泡和淋洗

将开口带壳澳洲坚果浸泡于提前调配好的配料液中一定时间后，捞出，用净水淋洗带壳果表面配料液。

3. 干燥和烘焙

清洗干净的开口澳洲坚果沥水后，应立即置于烘箱或烤箱中烘干至果仁水分含量低于1.5%，干燥结束后，冷却至室温进行包装及后续处理。若不立即烘干，开过口的澳洲坚果果仁会吸水，加之长期暴露在空气中，会因油脂含量较高发生氧化导致酸败、果仁品质降低，影响后期食用口感。

（三）技术研究

1. 带壳澳洲坚果在自然存放下果壳果仁含水量的变化

采收的澳洲坚果在常温下自然存放，并辅助风扇吹风的情况下，果壳、果仁水分都呈下降趋势，果仁下降速度较快，果壳下降较慢。可能是由于果壳的质地坚硬，密度较大水分不易散发，且果仁的水分要通过果壳散发的缘故。

2. 澳洲坚果果壳的含水量与开口效果的关系

采摘脱壳后的澳洲坚果摊凉后，开始时的果壳果仁水分含量较高，此时开口果壳绵软，开口的坚果裂口外观差，果仁裂为两半。随着水分含量的下降，澳洲坚果果壳的绵软率降低，果仁裂开率降低。当水分含量下降到15%左右时，开口效果合适，果仁果壳无粘连。所以最终选择澳洲坚果果壳含水量在15%左右时开口。

3. 不同盐浸时间对调味开口带壳澳洲坚果口感的影响

在0～3h的范围内，浸泡的开口带壳澳洲坚果的外观颜色无明显差别，果壳呈现咖啡色，开口处残留少许盐分，果仁具有成熟澳洲坚果仁的特征，表面无色斑或色环。随着浸泡时间的增加，咸味逐渐增加，当浸泡时间3h时咸味合适，最终确定浸泡3h为最佳浸泡时间。

4. 浸泡次数对调味开口带壳澳洲坚果口感的影响

随着浸泡次数的增加，浸泡 1～3 次的开口带壳澳洲坚果产品咸味基本无偏淡的趋势，咸味均合适，浸泡 4～6 次的产品咸味略淡，浸泡第 7 次后咸味偏淡。因此，样品在浸泡 3 次后应适量补盐，以保证 20% 左右的盐浓度。

5. 调味开口带壳澳洲坚果配料液配方研究

（1）不同加盐量对调味开口带壳澳洲坚果产品色泽、风味与口感的影响。不同浓度盐水浸泡的开口带壳澳洲坚果的外壳颜色无明显差异，果仁呈淡黄色。开口处的盐分残留随着浸泡液食盐浓度升高，盐分略有增加，但差别不大，主要与淋洗的方式和时间有关。15% 食盐水浸泡的澳洲坚果咸味淡，20% 与 25% 的咸味合适，28% 咸味略咸，30% 咸味偏咸，从节省原材料角度考虑，最终选择 20% 的盐水浓度。

（2）加糖量对调味开口带壳澳洲坚果色泽、风味与口感的影响。在加盐量 20% 和味精量 0.4% 的条件下，开口带壳澳洲坚果经配料液浸泡、烘干、焙烤后，与单纯用盐水浸泡的开口带壳果的外观颜色与加盐加糖浸泡的有明显差异，不同糖浓度浸泡的开口带壳果颜色差别不大。加糖加盐浸泡的澳洲坚果外观好于加盐的，呈亮咖啡色，开口处无盐分残留。白砂糖添加量 12% 最为合适，但根据不同消费群体的口味，一般选择 15% 与 18% 白砂糖的添加量。

（3）调味开口带壳澳洲坚果配料液最佳配方的确定。4 种考察因素白砂糖浓度、浸泡时间、食盐浓度、味精浓度对开口澳洲坚果的外观口感及风味影响的研究表明：其对开口澳洲坚果外观口感及风味影响顺序白砂糖浓度 > 浸泡时间 > 食盐浓度 > 味精浓度，最佳配方为食盐浓度 20%，白砂糖浓度 12%，味精浓度 0.4%，浸泡时间 4.0 h。

6. 调味开口带壳澳洲坚果干燥、焙烤温度参数

调味开口带壳澳洲坚果的干燥受温度和烘烤时间的影响，合适的温度和时间可以使调味开口带壳澳洲坚果具有最佳的色泽、风味与口感。调味开口带壳澳洲坚果由于经过浸泡，果仁水分含量较高，应采取先低温后高温逐渐进行烘烤，先降低一定的含水量，再逐渐升高温度，最终使其含水量降至 1.5% 以下。

烘烤温度过低，烘烤时间将会延长，最终造成果仁变硬，酥脆度不够。烘烤温度过高，虽然能够减少烘烤时间，但易造成果仁颜色加深，甚至变成褐色，品质严重下降。因此，其最佳的干燥温度与时间条件为 40℃干燥 2 h，50℃干燥 2 h，60℃干燥 2 h，70℃干燥 3 h，80℃干燥 2 h。焙烤条件应采用在 130℃下焙烤 8 min。

第二节　澳洲坚果果仁加工技术

澳洲坚果果仁营养丰富，含有人体必需的 8 种氨基酸，还富含矿物质和维生素 B_1、维生素 B_2。果仁香酥可口，有独特的奶油香味，口感风味极佳，可以对澳洲坚果仁进行开发利用，提升其附加值。

一、原味澳洲坚果果仁加工

（一）工艺流程

澳洲坚果带皮成熟果→脱果皮→带壳果干燥→脱壳取仁→果仁筛选分级→果仁干燥→烘焙→包装→果仁成品（图 6-2）。

（二）操作要点

1. 脱果皮、带壳果干燥

同上述原味澳洲坚果壳果的加工工艺相同。

2. 脱壳取仁

将果仁含水量控制在 2%～5%，再采用机械或者人工的方式，将果仁和果壳分离。

图 6-2　原味澳洲坚果果仁

3. 果仁筛选分级

通常将果仁分为 3 级：一级果仁含油量在 72% 以上，能够在 1.000 kg/L 水中漂浮，因而常将干燥后的果仁置于净水中浮选，一级果仁丰满、色浅、基部光滑，烤制后质地松脆，有坚果香味，颜色呈亮棕黄色；二级果仁含油量在 66%～72%，可漂浮于密度为 1.025 kg/L 的盐水中，但无法漂浮于净水中，二级果仁烤干后略微收缩、呈黑色、质地松软；三级果仁含油量在 50%～60%，烤干后体积小且显黑色、质地粗糙或坚硬,加工后呈深褐色、有焦味。

4.果仁干燥和烘焙

水中分级筛选后的果仁需再放入60℃烘箱中烘干至含水量1.5%以下,然后冷却至室温后进行包装,即得果仁成品。

二、椒盐澳洲坚果果仁加工

(一)工艺流程

澳洲坚果带皮成熟果→脱果皮→带壳果干燥→脱壳取仁→果仁筛选分级→果仁干燥→烘焙→盐炒→盐水浸泡→文火翻炒→包装→果仁成品。

(二)操作要点

1.脱果皮、带壳果干燥

同上述原味澳洲坚果壳果的加工工艺相同。

2.脱壳取仁

将果仁含水量控制在2%～5%,再采用机械或者人工的方式,将果仁和果壳分离。

3.果仁筛选分级

通常将果仁分为3级:一级果仁含油量在72%以上,能够在1.000 kg/L水中漂浮,因而常将干燥后的果仁置于净水中浮选,一级果仁丰满、色浅、基部光滑,烤制后质地松脆,有坚果香味,颜色呈亮棕黄色;二级果仁含油量在66%～72%,可漂浮于密度为1.025 kg/L的盐水中,但无法漂浮于净水中,二级果仁烤干后略微收缩、呈黑色、质地松软;三级果仁含油量在50%～60%,烤干后体积小且显黑色、质地粗糙或坚硬,加工后呈深褐色、有焦味。

4.果仁干燥和烘焙

水中分级筛选后的果仁需再放入60℃烘箱中烘干至含含水量在1.5%以下,然后冷却至室温后进行包装,即得果仁成品。

5.盐炒

将粗盐炒至烫手,然后投入干燥的果仁(含水量1.5%左右),用中火拌炒约10 min,炒至果仁烫手,盛起筛去盐。

6. 盐水浸泡

将椒盐溶于热水中，再将炒热的澳洲坚果仁投入盐水中翻拌均匀，使果仁吸入盐水。

7. 文火翻炒

将吸过盐水的果仁入锅用文火翻炒，炒至果仁肉酥脆即可。

三、琥珀澳洲坚果果仁加工

（一）工艺流程

澳洲坚果带皮成熟果→脱果皮→带壳果干燥→脱壳取仁→果仁筛选分级→果仁干燥→烘焙→糖煮→油炸→冷却→包装→果仁成品。

（二）操作要点

1. 脱果皮、带壳果干燥

同上述原味澳洲坚果壳果的加工工艺相同。

2. 脱壳取仁

将果仁含水量控制在 2%～5%，再采用机械或者人工的方式，将果仁和果壳分离。

3. 果仁筛选分级

通常将果仁分为 3 级：一级果仁含油量在 72% 以上，能够在 1.000 kg/L 水中漂浮，因而常将干燥后的果仁置于净水中浮选，一级果仁丰满、色浅、基部光滑，烤制后质地松脆，有坚果香味，颜色呈亮棕黄色；二级果仁含油量在 66%～72%，可漂浮于密度为 1.025 kg/L 的盐水中，但无法漂浮于净水中，二级果仁烤干后略微收缩、呈黑色、质地松软；三级果仁含油量在 50%～60%，烤干后体积小且显黑色、质地粗糙或坚硬，加工后呈深褐色、有焦味。

4. 果仁干燥和烘焙

水中分级筛选后的果仁需再放入 60℃ 烘箱中烘干至含水分含量在 1.5% 以下，然后冷却至室温后进行包装，即得果仁成品。

5. 糖　煮

按配方将绵白糖、蜂蜜、水一起放入锅中加热，煮沸后加入澳洲坚果仁，约煮 10 min，立即捞出，沥去部分糖液，摊开冷却至室温。

6.油 炸

将食用油入油锅烧至油温150℃左右，即刚冒青烟时，将澳洲坚果仁放入锅内油炸，油炸果仁呈玻琅黄色时出锅。油炸时应注意适当铲拌，避免焦煳。要控制好炸制的温度，不宜过高或过低，过高容易炸煳，过低则容易炸碎。

7.冷 却

澳洲坚果仁炸熟后，捞出摊开，立即用凉风冷却后，即为成品。

四、澳洲坚果乳饮料加工

（一）工艺流程

澳洲坚果仁→打浆→过滤→调配→过胶体磨→过均质机→灌装→封口→杀菌→冷却→澳洲坚果乳饮料成品。

（二）操作要点

1.打 浆

将澳洲坚果按一定料液比加水，然后在80℃适宜温度下打浆，得澳洲坚果仁浆。

2.调 配

打浆之后，加入糖和稳定剂等进行调配，添加4%白砂糖、0.2‰蛋白糖、0.05‰阿斯巴甜和稳定剂（由0.25%单甘酯、0.75%蔗糖酯和0.01%海藻酸钠组成），得到的产品外观为均匀一致的乳白色且无沉淀和分层，具有浓郁的澳洲坚果芳香，口感细腻圆润。

3.过胶体磨和均质机

调配之后，过胶体磨，并在适宜均质压力（35 MPa）和均质温度（80 ℃）条件下均质。

4.灌装、封口和杀菌

将均质的澳洲坚果乳灌装、封口、杀菌20 min，即得澳洲坚果乳成品。

五、澳洲坚果粉加工

（一）工艺流程

澳洲坚果仁→粉碎→过筛→干燥→包装→澳洲坚果粉成品。

（二）操作要点

1.粉碎和过筛

澳洲坚果仁用粉碎机粉碎并过 40 目筛。

2.干　燥

在温度 100℃、压力低于 1 kPa 条件下，将粉碎过筛后的澳洲坚果果仁粉进行真空干燥至质量恒定，即可得到干燥的澳洲坚果仁粉。

3.包　装

一般采用食品专用塑料袋、罐，对粉状食品进行真空包装，即得澳洲坚果仁粉成品。

六、澳洲坚果饼干加工

（一）工艺流程

澳洲坚果仁→压榨→澳洲坚果粕→粉碎→过筛→预混（其他添加物：面粉、奶粉、白砂糖、疏松剂、食盐、鸡蛋调制、澳洲坚果油、黄油）→面团调制→擀压→模具成型→烘烤→冷却→包装→澳洲坚果饼干成品（图 6-3）。

图 6-3　澳洲坚果饼干

（二）操作要点

1.压榨、粉碎和过筛

澳洲坚果仁压榨之后应进行脱脂处理，然后再使用粉碎机进行粉碎并过筛。

2.预混和面团调制

首先将澳洲坚果油与黄油按一定比例混合，再使用电磁炉加热溶化使其充分混合均匀，冷却待用；其次称好碳酸氢铵、碳酸氢钠、食用盐等并混合，打入鸡蛋混合搅拌均匀，得鸡蛋辅料液待用，再将澳洲坚果油与黄油的混合物倒入鸡蛋辅料液中，加适量水混合均匀得辅料液；最后称好面粉、澳洲坚果粕粉、奶粉、白砂糖，混合均匀，加入配制好的辅料液揉制面团，揉好后置于台面上醒发 5 ～ 10 min。

3.擀压和模具成型

把面团用擀杖擀成 3 ～ 5 mm 厚的面饼，面饼厚薄应均匀一致，再用模具成型。

4. 烘烤、冷却和包装

将成型的面饼放入刷上一层澳洲坚果油的烤盘中，置于电烤箱中烘烤，待烤至表面淡黄色、底部焦黄色即可出烤箱，然后冷却、包装，即得澳洲坚果饼干成品。

（三）工艺研究

1. 澳洲坚果粉对饼干品质的影响

（1）澳洲坚果粗粉碎粒度对饼干品质的影响。将粉碎度分别为60目、80目、100目澳洲坚果粉添加到面粉中，添加量为40%（以面粉为基准，辅料分别以占面粉质量比例计算，以下同），其他辅料用量与基本配方相同，制作出饼干后进行感官评定。当粉碎粒度为60目时，饼干口感粗糙，表面不光滑；当粉碎粒度为80目时，饼干口感较细腻，表面较光滑；当粉碎粒度为100目时，饼干口感细腻，无粗糙感且表面很光滑。

（2）澳洲坚果粉添加量对饼干品质的影响。分别将占面粉质量20%、40%、50%、60%、70%澳洲坚果粉添加到面粉中，其他辅料用量与基本配方相同，进行焙烤试验，随着澳洲坚果粉添加量的增加，饼干坚果香味与滋味增强，但疏松性下降。20%疏松性很好，表面光滑，坚果香味与滋味淡；40%疏松性很好，表面光滑，坚果味香味与滋味基本合适；50%疏松性很好，表面光滑，坚果香味与滋味合适；60%疏松性较好，表面光滑，坚果香味与滋味浓郁；70%疏松性明显下降，口感较硬，表面较光滑，坚果香味与滋味浓郁。

2. 油脂用量对饼干品质的影响

将40%坚果粉添加到面粉中，并改变油脂用量，使油脂用量分别为5%、10%、15%，其他辅料使用量与基本配方相同，进行焙烤试验，当油脂添加量为5%时，饼干口感较硬，表面干燥缺少光泽；当油脂添加量为10%时，饼干在口感和外观上都较好；油脂添加量为15%时，饼干酥松性虽很好，但裂纹饼干较多。这可能是油膜相互隔离，使面筋微粒不易互相黏结而形成面筋网络，面团黏性和弹性降低所致。因此，综合考虑，油脂添加量为10%较宜。

3. 白砂糖用量对饼干品质的影响

将40%坚果粉添加到面粉中，并改变白砂糖用量，使白砂糖用量分别为

30%、40%、50%，其他辅料用量与基本配方相同，进行焙烤试验。白砂糖不同添加量对饼干色泽、口感及口味都有影响。当白砂糖添加量为30%时，在饼干焙烤过程中发生焦糖化反应较轻微，使饼干色泽呈浅淡黄色，白砂糖添加量偏少，还使饼干口感稍硬；当白砂糖添加量为40%时，饼干色泽和口感都较好，且甜味也适中；当白砂糖添加量为50%时，饼干口味过甜。因此，综合考虑，白砂糖添加量为40%。

4. 澳洲坚果饼干最佳配方的确定

在疏松剂用量一定情况下，选取澳洲坚果粉添加量、油脂添加量及白砂糖添加量3个因素，每个因素选择3个水平，以感官得分为考察指标，得出影响澳洲坚果饼干的主要因素为油脂添加量，其次为澳洲坚果粉添加量，再次为白砂糖添加量，最佳工艺组合为坚果粉添加量50%，油脂用量8%，白砂糖用量45%。

5. 焙烤温度对饼干品质的影响

焙烤温度对饼干感官品质有着显著影响。温度太低时色泽淡、口感差。温度太高使饼干色泽加深，上火温度为150℃，下火温度为130℃的焙烤，色泽淡，口感差，有少许异味；上火温度为180℃，下火温度为150℃的焙烤，上表面呈淡黄色，边缘与底部带有焦黄色，口感酥脆，无异味；上火温度为200℃，下火温度为180℃的焙烤，上表面暗黄色，底部色泽呈焦褐色，破裂多，有苦味。

当焙烤温度过低时，饼坯内产气量少，使饼坯膨胀起发不够，分解乳化不完全，造成残留物多，异味无法带出，结果口感差，色泽淡，影响品质。当温度过高时，饼坯表面很快变硬，阻止CO_2与水蒸气等气体往外散发。由于饼坯不断受热，内部气体膨胀力增大，而又难以往外逸散，致使饼坯容易起泡点，气体穿破饼面，使饼坯膨发不起来，造成严重变形、破裂多。

6. 澳洲坚果饼干的最佳配方

澳洲坚果饼干的最佳配方为澳洲坚果粉添加量50%、油脂用量8%、白砂糖用量45%、奶粉10%、小苏打0.4%，食盐0.4%、碳酸氢铵1%、鸡蛋10%、水适量，最佳焙烤温度为上火180℃、下火150℃。通过此配方加工出的澳洲坚果饼干营养丰富、色泽淡黄、香味浓郁、口感酥脆。

七、澳洲坚果牛轧糖加工

（一）工艺流程

澳洲坚果仁→压榨→澳洲坚果粕→粉碎→过筛→预混→面团调制→擀压→模具成型→烘烤→冷却→包装→澳洲坚果饼干成品（图6-4）。

（二）操作要点

1. 切　果

将烘干好的澳洲坚果果仁用切片机进行切碎，备用。

2. 熬　糖

把糖浆的材料放在小锅里，以中

图6-4　澳洲坚果牛轧糖

火熬煮，煮到143℃。若没有温度计，可把一滴糖浆滴入冷水中，能结成硬块即煮好了。同时把蛋白打到硬性发泡，再把煮好的糖倒入，继续搅打。打到糖浆表面失去光泽才可停止，这样成品才不容易潮湿软化。加入切碎的澳洲坚果果仁，缓慢搅拌，直到用手摸糖块时觉得干而不黏手即可。

3. 擀压和模具成型

把做好的糖块倒入烤盘中，用擀杖擀成厚约1.5 cm，厚薄应均匀一致。

4. 冷却和包装

将成型的牛轧糖放置冷却成型，然后用刀切成长条形，糖果纸包装，即得澳洲坚果牛轧糖。

八、澳洲坚果蛋白肽制备

澳洲坚果榨油后的副产物澳洲坚果粕含有较高含量的蛋白质、谷氨酸、精氨酸、天冬氨酸、亮氨酸与赖氨酸，通过酶法制备多肽是提高澳洲坚果粕蛋白利用率的有效途径之一。

多肽是指分子结构介于氨基酸和蛋白质之间的一类化合物，分子质量集中在300～3 000 u。多肽除了具有易被人体消化吸收的特性外，还有多种对人体有益的生理功能，如抗氧化性、降血压、降低胆固醇含量、促进钙吸收等。

（一）工艺流程

液压压榨澳洲坚果粕→粉碎→60目筛→加水调浆→沸水预热→冷却至酶作用合适温度→加入蛋白酶→调pH值至恒定→恒温酶解→沸水灭酶→冷却至室温→离心→取上清液→测定水解度→调pH值4.6（澳洲坚果蛋白等电点）→离心10 min→取上清液→测定多肽含量→冷冻干燥→澳洲坚果多肽。

（二）操作要点

1. 酶解温度的选择

碱性蛋白酶在酶解温度35～55℃、中性蛋白酶在35～50℃范围，水解度随温度升高而增加。碱性蛋白酶在温度55～60℃范围，水解度缓慢下降，中性蛋白酶在50～60℃的范围，水解度下降较快。这是由于在一定范围内，温度的升高有利于酶分子催化性能的提升，所以提高温度时，酶催化反应速率持续增加，体现为酶解能力的不断加强，水解度不断升高，多肽产率相应增加。当超过最适酶解温度后，酶的活力受到抑制，甚至使得酶蛋白的结构发生改变，导致酶失活。因此，碱性蛋白酶酶解澳洲坚果粕蛋白的适宜温度为55℃左右，在此条件下水解度为17.45%；中性蛋白酶为50℃，水解度为21.46%。

2. 酶解时间的选择

酶解前2.0 h，酶活力高，产物抑制小，水解度增幅很大。2.0 h后随着酶解时间的延长，游离的氨基酸与多肽增多，产物的抑制作用增大，酶的活力受到抑制而减弱，水解度增加趋势渐缓。从水解度与节省能耗方面考虑，碱性蛋白酶酶解澳洲坚果粕蛋白的适宜时间为3.0 h左右，在此条件下水解度为19.40%；中性蛋白酶为2.5 h，水解度为22.49%。

3. 底物浓度的选择

随着底物质量浓度的增加，水解度也随之增加，碱性蛋白酶和中性蛋白酶分别在底物质量浓度为100 g/L和80 g/L时，水解度达到最大值，当底物质量浓度再增大时，水解度反而呈下降趋势。这主要是由于当底物质量浓度很低时，酶的水解速率受底物质量浓度的限制。当底物质量浓度很高时，澳洲坚果粕溶液黏度变大，蛋白的溶出率下降，过多的底物分子堆积于酶的活性中心，酶已达到饱和时所需底物质量浓度，从而会影响酶催化速率及产物分子的扩散。因此，碱性蛋白酶酶解澳洲坚果粕蛋白的适宜底物质量浓度为 100 g/L 左右，在此条件下水解度为 17.32%；中性蛋白酶为 80 g/L，水解度为 22.45%。

4. 酶解 pH 值的选择

碱性蛋白酶与中性蛋白酶酶解澳洲坚果粕蛋白时，水解度均随着 pH 值升高先增加后减少，碱性蛋白酶在 pH 值 9.0、中性蛋白酶在 pH 值 6.5 时，水解度达到最大值。这主要是由于酶分子是一种特殊的蛋白质分子，由一个或者若干个活性部位组成，酶的活性部位只有与蛋白酶保持一定的空间构象才能存在，其催化功能才能实现，过低或过高的 pH 值都会对酶的空间构象造成破坏，使酶的活性降低，甚至丧失，只有在适宜的 pH 值条件下酶解才能得到较高的水解度。因此，碱性蛋白酶酶解澳洲坚果粕蛋白适宜 pH 值为 9.0 左右，在此条件下水解度为 17.70%；中性蛋白酶 pH 值为 6.5，水解度为 22.22%。

5. 加酶量的选择

碱性蛋白酶加酶量在 400～1 600 U/g、中性蛋白酶在 800～2 000 U/g 的范围内，水解度增幅很大，碱性蛋白酶在 1 600～2 400 U/g、中性蛋白酶在 2 000～2 800 U/g 范围，水解度增加趋势渐缓。这是由于随着加酶量的增加，底物与酶的接触面积增大，酶解反应的速率也相应提高，表现为多肽产率的增加。但加酶量超过最佳值后，过量的酶没有底物作用，导致多肽产率增加缓慢。因此，碱性蛋白酶酶解澳洲坚果粕蛋白的适宜加酶量为 1 600 U/g 左右，在此条件下水解度为 17.48%；中性蛋白酶为 2 400 U/g，水解度为 22.53%。

碱性蛋白酶酶解澳洲坚果粕蛋白最佳工艺条件：酶解温度 60 ℃、酶解时间 3.5 h、底物质量浓度 110 g/L、酶解 pH 值 8.0、加酶量 2 400 U/g，在此条件下，水解度达到了 22.83%，多肽产率达到了 60.25%。中性蛋白酶最佳工艺条件：酶解温度 55 ℃、酶解时间 3.5 h、底物质量浓度 100 g/L、酶解 pH 值 7.0、加酶量 3 200 U/g，水解度达到了 22.78%，多肽产率达到了 58.85%。

第三节　澳洲坚果果壳加工技术

一、澳洲坚果壳活性炭加工

澳洲坚果果实中，其果壳约占总重 60% 以上，果皮重量与果壳相当。过去澳洲坚果作为干果销售，其果壳、果皮难以回收利用，所产生的大量集中的果壳被丢弃或焚烧，造成资源的极大浪费。果壳活性炭内部孔隙结构发达，比表面积大，吸附能力强，现在许多澳洲坚果逐渐被深加工利用，已广泛应用于医药、食品等生产过程中的脱色和除味，以及净水过滤和除杂等方面。

（一）澳洲坚果果壳活性炭制备工艺

微波辐射氯化锌法制备澳洲坚果果壳活性炭（图 6-5）的工艺条件：将澳洲坚果果壳烘干磨碎至过 20 目筛，壳粉按料液比 1∶3（g/mL）加入到一定质量分数的 $ZnCl_2$ 溶液中，浸渍 24 h，烘干，随后放入微波辐照设备使之炭化活化，反应结束后，接着对所得产品用 1% 盐酸溶液进行清洗，以除去果壳活性炭活化过程中产生的焦油物质，然后用温的蒸馏水洗涤样品至中性（pH 值 6～7），将清洗后的样品于 120℃烘箱内干燥 6 h，最后经粉碎过筛后得到果壳活性炭产品。通过测定产品重量，计算果壳活性炭得率，并按活性炭相关国家标准测定产品碘吸附值和亚甲基蓝吸附值。

图 6-5　澳洲坚果果壳活性炭

1. 澳洲坚果果壳热分解的过程

澳洲坚果果壳和其他木质材料一样，也是由半纤维素、纤维素和木质素构成。在木材热分解中，一般认为最激烈的分解温度区间为半纤维素 200 ~ 300℃，纤维素 325 ~ 375℃，木质素 250 ~ 500℃。澳洲坚果果壳的热解过程如下。

（1）在由室温至 123.54℃的失重阶段，主要是澳洲坚果果壳脱水而引起，失重率为 6.627%，澳洲坚果果壳中的主要成分不变，这是一个吸热反应，属干燥阶段。

（2）在 123.54 ~ 200℃阶段，质量有微微的变化，是一个近似恒质量过程，澳洲坚果果壳由吸热达到相对热平衡并向放热趋势转变。

（3）在 200 ~ 800℃阶段，包含澳洲坚果果壳半纤维素、纤维素和木质素激烈分解的过程，以及木质素继续分解、炭化物中挥发性成分逸出的平缓失重过程，这一阶段的热解反应实质上是澳洲坚果果壳细胞壁 3 组分（纤维素、半纤维素和木质素）热分解反应的总和，它们之间没有明显的相互反应。纤维素、半纤维素和木质素分解温度区间也相互重叠，没有绝对的先后和界限。

其中，在 200 ~ 411.76℃阶段，这一温度区间澳洲坚果果壳热解最激烈，失重率首先不稳定，半纤维素开始分解，随着分解速度加快，半纤维素的基本构造慢慢消失。此时纤维素、木质素的一部分组分开始分解，随着温度的升高，纤维素开始分解，随着分解反应进行，木质素基本构造消失，在此之后随着温度的逐步升高，是残余物或挥发性成分的进一步分解，是一个强烈分解的放热反应阶段。温度为 417.37℃时，在热解中澳洲坚果果壳半纤维素和纤维素形成大量挥发性产物，木质素则主要形成木炭。至 800℃终温时，澳洲坚果果壳已全部烧失殆尽。

2. 澳洲坚果果壳磷酸浸渍过程

磷酸浸渍对澳洲坚果果壳的热解过程发生了显著变化，室温到 134℃是吸热脱水的失重。134 ~ 800℃包含了澳洲坚果果壳活性炭的炭化和活化过程。

在 134 ~ 400℃阶段，主要是磷酸 - 澳洲坚果果壳发生了氧化降解等反应，放出大量的热，形成了稳定的缩聚磷酸 - 炭化物，磷酸继续缓慢氧化侵蚀炭体，造就发达的微细孔，完成了活化作用；随着温度的升高，磷酸炭化结构中的磷酸逐渐汽化逸出，部分炭物质将被烧失。

在 500 ~ 690℃阶段，磷酸逐渐缩聚成聚偏磷酸，而其与碳元素之间的化学结合力较强，能形成高温抗氧化的稳定物质。对已形成的炭体材料有一定的保护，所以在 800℃残余量分别为 34.431% 和 17.743%。浸渍时间较长，对应磷酸 – 澳洲坚果果壳中磷酸所占质量比相对较高，说明磷酸溶液对澳洲坚果果壳有明显促进炭化作用，使其在 130℃左右开始进入炭化阶段，并随着温度升高，形成耐高温抗氧化的炭结构，完成澳洲坚果果壳活性炭的活化。从工艺优化和经济性考虑建议，磷酸 – 澳洲坚果果壳炭化和活化温度区间为 130 ~ 400℃，较佳的活化温度在 400℃左右，浸渍时间选择 24 h 为宜。

3. 高温 $ZnCl_2$ 法制备澳洲坚果果壳活性炭工艺

将澳洲坚果果壳样品干燥，在碳化炉内 400℃下碳化 80 min，冷却后取出的样品用粉碎机粉碎并过筛，按 $ZnCl_2$ 溶液（浓度 50%）与粉碎碳化料质量比 2 : 1 浸渍 24 h，再送入碳化炉中 600℃下活化 120 min，取出用 1% 盐酸溶液进行清洗，以除去活化过程中产生的焦油，然后用 35 ~ 45℃蒸馏水洗涤至中性（pH 值 5 ~ 7），将清洗后的产品于 120℃下干燥 6 h，粉碎后过筛即得澳洲坚果果壳活性炭产品。

其工艺流程：澳洲坚果果壳→干燥→高温碳化→粉碎→活化剂浸渍→高温活化→酸洗、水洗→烘干→粉碎→活性炭产品。

4. 微波辐照 $ZnCl_2$ 法制备澳洲坚果壳活性炭

将澳洲坚果壳样品干燥，然后用粉碎机粉碎过筛。按 $ZnCl_2$ 溶液（浓度 50%）与粉碎碳化料质量比 2 : 1 浸渍 24 h，再送入微波炉中于功率约 600 W 下活化 7 min，取出用 1% 盐酸溶液进行清洗，以除去活化过程中产生的焦油，然后用 35 ~ 45℃蒸馏水洗涤至中性（pH 值 5 ~ 7），将清洗后的产品于 120℃下干燥 6 h，粉碎后过筛即得活性炭产品。

其工艺流程：澳洲坚果果壳→干燥→粉碎→活化剂浸渍→微波辐射→活化→酸洗、水洗→烘干→粉碎→活性炭产品。

5. 澳洲坚果果壳活性炭产品

目前，市场上澳洲坚果壳活性炭产品有车载挂件、车载摆件、炭雕工艺品（图 6–6）、家庭吸附产品等。

松鹤同春 　　　　　　　　　　福字

宁静致远 　　　　　　　　　　汽车摆件（侧面）

图6-6　澳洲坚果活性炭炭雕工艺品

二、澳洲坚果壳色素提取工艺

（一）工艺流程

澳洲坚果壳→烘干→粉碎→过筛→提取（溶剂为水）→离心→澳洲坚果壳色素粗提液→精制。

（二）操作要点

1. 烘干、粉碎和过筛

将澳洲坚果壳置于60℃烘箱中烘干后，用粉碎机粉碎过60目筛，得澳洲坚果壳干粉（图6-7）。

图6-7　澳洲坚果壳干粉

2. 提　取

称取一定量的澳洲坚果壳干粉，按料液比为 1 : 20（g/mL）加入提取剂水，混匀，每 15 min 漩涡振荡 1 次，提取 1 h。

3. 离　心

提取结束后，8 000 r/min 离心 15 min，上清液即为澳洲坚果壳色素的粗提液。

4. 精　制

澳洲坚果壳色素初提液，通过大孔吸附树脂处理，去除澳洲坚果壳色素中大量的杂质成分，从而提高澳洲坚果壳色素品质。

（三）澳洲坚果壳色素理化性质及稳定性

1. 紫外吸收光谱

配制一定体积分数的澳洲坚果壳色素溶液，在 200 ～ 800 nm 波长范围内进行光谱扫描，测定色素的吸收光谱，截取了具有代表性的 300 ～ 650 nm 的吸收峰，澳洲坚果壳色素溶液的吸收光谱在 OD=507 nm 有明显吸收峰，因此，可选取 OD_{max}=507 nm 作为测定澳洲坚果壳色素溶液吸光度的特定波长。

2. 溶解性

澳洲坚果壳色素能溶于极性溶剂，如水、甲醇、乙醇、丙酮，在水中溶解度最大，而在非极性溶剂如乙醚、石油醚和乙酸乙酯中溶解度较小。且经外观观察发现，经过不同有机溶剂的浸提，澳洲坚果壳色素没有太大的颜色变化，这是由于溶解度的不同呈现出深浅不一的棕色，因此，可初步判断澳洲坚果壳色素为水溶性色素（表 6-1）。

表 6-1　澳洲坚果壳色素在不同溶剂中的溶解性

溶剂	水	甲醇	乙醇	丙酮	氯仿	乙醚	石油醚	乙酸乙酯
颜色	深棕	深棕	棕灰	浅褐	浅褐	浅棕	浅灰	浅棕
吸光值（ABS）	0.673	0.612	0.597	0.471	0.416	0.203	0.191	0.331

3. 温　度

澳洲坚果壳色素在从较低温度（20℃）到较高温度（100℃）的环境变化中，

由外观观察发现，色素溶液的颜色未发生明显变化，但随着温度的升高，色素保存率下降非常明显，波动差异显著（$P<0.05$）。有研究表明，温度对澳洲坚果壳色素稳定性有较大影响。

4. pH 值

在 pH 值 =2 ～ 6 时，澳洲坚果壳色素保存率上升趋势明显（$P>0.05$），当 pH 值≥ 6 时，色素保存率随着 pH 值的升高显著下降（$P<0.05$），且不同 pH 值条件下色素保存率整体差异非常显著（$P<0.01$）。澳洲坚果壳色素提取液原液 pH 值约为 6.3，外观观察颜色呈棕色。

在酸性条件下，色素溶液呈深棕色或黄褐色，pH 值越低，颜色越深；当 pH 值≥ 7 时，色素溶液由棕色变棕黄色，再变为棕褐色，随 pH 值升高色素颜色同样加深。有研究表明，pH 值对色素稳定性影响也较大，在中性环境中较稳定，在酸性和碱性条件下，色素结构均易发生变化，稳定性较差。

5. 光 照

经过不同条件下的光照试验，从外观观察并未发现澳洲坚果壳色素溶液颜色发生明显变化。但有研究表明，不同条件光照对色素稳定性的影响显著（$P<0.01$）。随着不同条件下光照时间的延长，色素保存率均下降（$P<0.05$），澳洲坚果壳色素在弱光下较为稳定，暗室以及散射光条件处理 8 h 的色素液吸色素保存率均大于 90%（$P<0.05$），在强自然光条件下，8 h 衰减超过 20%，表明澳洲坚果壳色素耐强光性能较差，应注意避光保存。

6. 氧化还原剂对澳洲坚果壳色素稳定性的影响

澳洲坚果壳色素的耐氧化性能较差，随着氧化时间的增大，可观察到色素液出现不同程度的褪色，颜色逐渐变淡。色素保存率明显下降，差异极显著（$P<0.01$）。在 3 种氧化剂中，H_2O_2 的褪色效果最强，氧化 24 h 后，澳洲坚果壳色素溶液接近无色；其次为 $KMnO_4$，而 NaClO 的褪色效果稍差。有研究表明，澳洲坚果壳色素在生产应用中应尽量避免与氧化性物质接触。

随着抗环血酸还原时间的延长，色素保存率前 4 h 下降速率较快，随着放置时间的延长，色素保存率下降趋势趋于缓和，无显著性差异（$P>0.05$）。而亚硫酸钠加入色素溶液后，前期色素保存率下降不明显，随还原时间的延长，到第 24 h，色素保存率下降至 85.3%，经外观观察表明，经过长时间的还原剂处理之后，色素液颜色均无明显变化，说明澳洲坚果壳色素对还原剂具有一定的稳定性。

7. 常见金属离子对澳洲坚果壳色素稳定性的影响

不同金属离子对澳洲坚果棕色素的稳定性作用差异显著（$P<0.05$）。其中金属离子K^+、Ca^{2+}使得色素保存率几乎保持不变（$P>0.05$），对澳洲坚果壳色素溶液有较好的护色作用；Na^+、Cu^{2+}、Mn^{2+}使得色素保存率有所增大（$P<0.05$），对色素溶液有一定的增色作用，而Fe^{2+}、Fe^{3+}、Al^{3+}、Zn^{2+}使澳洲坚果色素保存率显著下降（$P<0.01$），对澳洲坚果壳色素有减色作用。同时，经外观观察发现，除添加了Fe^{2+}、Fe^{3+}、Al^{3+}、Zn^{2+}离子的色素液颜色稍微变浅，Na^+、Cu^{2+}稍微变深外，其他溶液颜色无显著变化。因此，澳洲坚果壳棕色素在使用和保存时应注意避免与Fe^{2+}、Fe^{3+}、Al^{3+}、Zn^{2+}等金属离子的接触（表6–2）。

表6–2　常见金属离子对澳洲坚果壳色素稳定性的影响　　　　单位：%

金属离子	溶液颜色	色素保存率		
		3 h	6 h	24 h
Na^+	无变化	101.75	103.37	104.72
K^+	无变化	100.93	100.81	100.52
Ca^{2+}	浅灰色	101.68	99.17	99.56
Fe^{2+}	浅褐色	84.27	81.65	76.53
Fe^{3+}	浅棕色，有沉淀	72.57	69.17	62.13
Al^{3+}	浅棕色，有沉淀	94.58	89.41	85.15
Cu^{2+}	无变化	100.59	102.31	105.93
Zn^{2+}	浅棕色	79.51	76.52	69.19
Mn^{2+}	无变化	101.22	99.31	102.26
对照组	—	99.52	98.93	97.57

8. 常见食品添加剂对澳洲坚果壳色素稳定性的影响

在澳洲坚果壳色素水溶液中加入常见的食品添加剂，其色素保存率变化不显著。醋酸、柠檬酸、蔗糖、葡萄糖等食品添加剂使澳洲坚果壳色素保存率有一定的上升，差异极显著（$P<0.01$），呈现一定的增色效应；酒石酸、山梨酸钾以及苯甲酸钠这3种食品添加剂在澳洲坚果壳色素水溶液中，使得吸光度先降低，然后又升高趋于稳定（$P>0.05$），说明其对坚果壳色素具有一定的护色作用；而碳酸氢钠未造成色素水溶液吸光度大的变化，但引发了澳洲坚果壳色素水溶液颜色变化；硫酸铝钾造成色素水溶液吸光值大幅下降，且使色素颜色变为浅褐色（表6-3）。因此，在澳洲坚果壳色素应用中，应根据配色的需要，选择合适的食品添加剂品种。

表6-3　常见食品添加剂对澳洲坚果壳色素稳定性的影响　　　　单位：%

食品添加剂	溶液颜色	保存率		
		3 h	6 h	24 h
1% 硫酸铝钾	浅褐色	95.12	86.31	76.67
1% 醋酸	无变化	99.76	101.26	103.18
0.1% 碳酸氢钠	浅红色	101.25	99.15	98.23
1% 柠檬酸	无变化	100.41	102.25	103.17
2% 酒石酸	无变化	97.16	95.52	98.19
10% 蔗糖	无变化	101.34	102.67	103.11
10% 葡萄糖	无变化	98.99	101.45	102.93
0.2% 山梨酸钾	棕红色	94.17	95.13	96.69
0.2% 苯甲酸钠	棕褐色	89.67	92.27	94.53

三、澳洲坚果壳液熏香料制备工艺

液熏法是将富含天然酚类物质的果壳烟熏液通过浸渍、喷雾、涂抹、注射等方法加入到原料中，从而赋予烟熏制品特有的烟熏香味和色泽。果壳经过高温裂解能够产生独特的香味，芦燕玲报道澳洲果壳中含有多种具有香味的烯烃、酸类、醛类、内酯类、酮类等化合物，这些成分使澳洲坚果壳具有自身独特的香气风格。另外，澳洲坚果壳的乙醇、丙酮提取物也具有令人愉悦的香味，利用澳洲坚果果壳制备液熏香料具有独特的优势。

图6-8　澳洲坚果壳液熏香料制香

（一）工艺流程

澳洲坚果壳→洗净→干燥→粉碎→微波干馏→过滤→分馏→变温熟化→稳定→液熏香料（图6-8）。

（二）操作要点

1. 烘干并粉碎

将澳洲坚果的壳烘干并粉碎，通过 20 目筛网。

2. 微波干馏

澳洲坚果果壳于带有冷凝回收装置的微波反应设备中进行微波提取，微波提取的功率为 1 000 ～ 2 000 W，微波频率为 2 450 ± 50 MHz，干馏设备，减压至 0.05 MPa，同时开启冷凝流水，以 10℃ /min 升温速率连续加热，将 300℃以下温度段冷凝回收液丢弃，再按照 8℃ /min 连续加热，收集 300 ～ 550℃温度段冷凝回收液。

3. 过滤、分馏

将冷凝回收液经双层中性滤纸减压过滤经去除杂质后，在常压下蒸馏，收集 95 ～ 115℃内的第一馏分，将所述第一馏分再重新蒸馏，收集 101 ～ 105℃的第二馏分即为初品。

4. 变温熟化

将所述初品在 40 ～ 50℃温度下振荡保温 12 ～ 24 h，然后再在 0 ～ 4℃静置 12 ～ 24 h，再经 0.22 μm 微滤去除析出的焦油，至少重复所述变温熟化过程 3 ～ 5 次，并且直至不再出现焦油，将熟化产品添加至 0.6 mg/mL 吐温 –80，混匀，保藏，获得液熏香料。

（三）品质检验

澳洲坚果壳液熏香料烟熏风味特征性呈味物质 2, 6– 二甲氧基酚含量较高，基本不含 3, 4– 苯并芘等致癌物，丰富了烟熏香料产品的多样性，同时实现了废弃物澳洲坚果果壳的充分利用（表 6–4）。

表 6–4　澳洲坚果壳液熏香料检测结果

检测项目	检测结果
外观	呈淡黄色液体，色泽透明
气味	有浓郁天然烟熏香气，无异味
相对密度 （25℃ /25℃）	1.02 ～ 1.05
pH 值	3.3

（续表）

检测项目	检测结果
酸含量 （以乙酸表示） （%）	13.5
羰基化合物含量 （以庚醛表示） （g/100 mL）	13.2
酚含量 （以 2,6- 二甲氧基酚表示） （mg/mL）	16.6
多环芳烃含量 （以 3,4- 苯并芘表示） ≤ （μg/kg）	2

对制备的澳洲坚果壳液熏香料与市售的主流产品进行了理化指标对比分析，发现澳洲坚果壳液熏香料产品各项指标均达到了同类产品的品质要求（表 6-5）。

表 6-5　不同液熏香料产品理化指标分析

液熏香料类型	pH 值	羰基化合物含量（mg/100 mL）	酚类化合物含量（mg/mL）	苯并芘含量（μg/L）
澳洲坚果壳	2.71	9.91	11.65	未检出
华鲁 1 号	2.41	3.16	4.15	未检出
华鲁 2 号	2.56	4.12	7.55	未检出
金牛山 2 号	2.35	4.00	9.80	未检出
美国红箭 Smoke poly C-10	2.24	8.22	4.00	未检出

（四）产品特点

本产品利用澳洲坚果加工副产物果壳为材料，将干馏与分离技术相结合制备出可用于肉禽制品的液熏香料，其烟熏风味特征性呈味物质 2,6- 二甲氧基酚含量达到 9.0 ～ 20.5 mg/mL，丰富了烟熏香料产品的多样性，同时实现澳洲坚果果壳的充分利用。

本产品有效避免传统烟熏工艺与现代烟熏炉设备中熏材燃烧产物与肉禽制品的直接接触，在不影响肉禽制品风味的同时，降低多环芳烃等有害成分对肉禽制品的污染，增加了烟熏肉禽制品的安全性，符合现代食品加工要求。

本产品利用微波提取替代传统的高温干馏方式，微波对介质材料是瞬时加热升温，微波产生的热量均被物料吸收，升温速度快，果壳整体受热均匀，具有绿色、快速和节能等优点；另外微波的输出功率随时可调，果壳介质温升可无惰性的随之改变，不存在"余热"现象，极有利于自动控制和连续化生产的需要，便于实现液熏香料的工业化生产的实现。

本产品采用变温熟化工艺，结合微滤去除析出焦油的方法，将全部所需步骤缩短至 5 d 左右，大大提升了生产效率。

本产品制备烟熏香料功能成分的多样性，作为液体流动性香料，可直接添加到肉禽类食品表面，增加食品烟熏风味，还可以起到增香、去腥、防腐以及抗氧化的功效。

四、澳洲坚果壳粉牙膏

澳洲坚果壳是一种来源丰富的果壳，天然既有，无须制造，因为它的硬度小于钢铁、刚玉、碳化硅、氮化硼、金刚石等磨料，所以制作成微粉时，所要求的工艺和设备都不高，澳洲坚果壳做为磨料制成的微粉，是一种天然环保牙膏摩擦剂，对牙齿无损伤，并具有良好的摩擦性。

澳洲坚果壳属于农林废弃物，具有一定的抑菌消炎功效，是天然摩擦剂的理想原料。李忠等公开一项发明专利申请是利用澳洲坚果壳提取物制备烟草添香剂，把澳洲坚果壳粉碎后用 95% 乙醇浸提，浓缩乙醇浸提液得到的提取物加入烟草制品生产中，澳洲坚果壳提取物能使烟草制品有效增香，赋予卷烟独特的香调和香韵。另外，澳洲坚果壳粉乙醇提取物具有独特的澳洲坚果清香，可以作为天然提取物代替牙膏中的香精。利用澳洲坚果壳制备的天然摩擦剂具有成本低、温和、很好的清洁效果而不会擦伤皮肤。

（一）工艺流程

澳洲坚果壳→烘干→粉碎→过筛→制胶→制膏→均质、乳化、灭菌→灌装。

（二）操作要点

1. 制　粉

将澳洲坚果壳进行多次粉碎，最后经过超微粉碎，将果壳粉末粒径降低到 15 μm 以下，原料粒径越小，色泽越白。

2. 配　方

按照质量分数称取澳洲坚果壳微粉 5%、二氧化硅 15%、聚乙二醇 10%、甘油 18%、山梨醇 12%、羧甲基纤维素钠 0.8%、黄原胶 0.4%、月桂醇硫酸酯钠 1.2%、薄荷醇 1.2%、糖精钠 0.4%、澳洲坚果壳粉提取物 2%、硅酸镁铝 0.8%、苯甲酸钠 0.2%、二氧化钛 1%、0.05% 的亮蓝溶液 0.1%，余量为蒸馏水。每只牙膏为 100 g。

3. 制　胶

将上述称取好的聚乙二醇、甘油、山梨醇、羧甲基纤维素钠、黄原胶、月桂醇硫酸酯钠依次投入盛有纯化水的煮沸锅中，边投边搅拌，确保物料混合均匀，然后将混合物料加热至 45℃，保温并加热搅拌 1～2 h，制得胶体溶液，冷却，备用。

4. 制　膏

将澳洲坚果提取物投入 30℃ 保温状态下的胶体溶液中，搅拌混匀；接着加入硅酸镁铝，搅拌混匀；将澳洲坚果壳粉分 3 次加入至胶体溶液中，搅拌混匀，再加入二氧化钛、亮蓝溶液调色；然后将发泡剂加入膏体，搅拌混匀；最后将薄荷醇加入膏体，搅拌混合均匀，即得。

5. 均质、乳化、灭菌

将上述物料经真空均质乳化机进行均质、乳化处理 5 min 后，再进行脱气处理，直至膏体中气泡全部脱出；经过灭菌机灭菌处理。

6. 灌　装

将成品灌入镀铝软管中，封端。

（三）产品特点

（1）澳洲坚果壳微粉能有效清除牙齿污垢，又不会损耗牙齿。

（2）澳洲坚果壳微粉是一种来源丰富的果壳，制成磨料的工艺简单，设备便宜，澳洲坚果壳微粉磨料价格相对非常便宜，可降低牙膏的生产成本。

（3）澳洲坚果壳微粉环保，带有特有的澳洲坚果壳清香。

（4）做为牙膏摩擦剂选用的澳洲坚果壳微粉，含有丰富的矿物质，对人体口腔及止血有一定作用。

（5）澳洲坚果壳微粉在牙膏中能够起到良好的增稠、防沉、赋型的作用。

（6）澳洲坚果壳粉食用酒精提取物具有独特的坚果清香，能够代替牙膏常用的香精，作为天然提取物，具有一定抑菌消炎的功效。

五、澳洲坚果壳多糖的提取技术

（一）工艺流程

澳洲坚果壳→烘干→粉碎→过筛→去除色素和油脂→提取→脱蛋白→离心→澳洲坚果多糖提取液。

（二）操作要点

1. 烘干、粉碎和过筛

将澳洲坚果壳置于60℃烘箱中烘干后，用粉碎机粉碎过60目筛，得澳洲坚果壳干粉。

2. 去除色素和油脂

用滤纸将澳洲坚果壳干粉包好，加入适量石油醚冷浸24 h，然后置于水浴中进行索氏提取，充分除去样品中脂溶性色素和油脂，取出风干，待滤纸包中的石油醚全部挥发后，将其置于60℃烘箱中烘干。

3. 提　取

称取一定量去除色素和油脂的澳洲坚果壳干粉置于锥形瓶中，按料液比1：50（g/mL）加入蒸馏水，混匀，再在功率为200 W的微波炉中提取2.5 min。

4. 脱蛋白

微波提取液进行减压抽滤，取上层清液，用Sevag法脱蛋白（氯仿与正丁醇的体积比为4：1），激烈振荡10 min后，转入分液漏斗中，静置一段时间后分层，保留上层水相，去除下层有机相和交界处的变性蛋白质。

5. 离　心

将脱去蛋白的上层水相在4 000 r/min转速下离心5 min，上清液即为澳洲坚果壳多糖溶液。

（三）澳洲坚果壳多糖提取工艺优化

1. 料液比对澳洲坚果壳多糖提取效果的影响

在微波功率300 W、微波时间3 min的条件下，开始随提取液用量的增大，多糖提取率逐渐增大，当料液比在（1：10）～（1：40）（g/mL）时，提取率上升很快，当料液比在（1：40）～（1：50）（g/mL）时，多糖提取率增长趋于缓慢。出现这种趋势的原因可能是对于一定量的澳洲坚果壳粉末，溶剂用量的增加可以增加固液接触面积和质量浓度差，有利于扩散速度的提高。当提取液用量继续增大，固液质量浓度差的增幅逐渐降低，多糖提取率的增加也趋于平缓，过多使用提取溶液会造成后续处理的难度和提高成本。

2. 微波功率对澳洲坚果壳多糖提取效果的影响

在料液比 1∶50（g/mL）、微波提取时间 2.5 min 的条件下，随微波功率的增大，澳洲坚果壳多糖的提取率增大，当微波功率为 300 W 时，提取率最大，之后随微波功率的继续增大，提取率呈下降趋势。出现这种趋势的原因可能是当微波时间一定时，微波功率升高，物料吸收的微波热能随之增加，有效促进植物细胞的破碎，溶出物质增加；当微波功率增加达到一定水平后，会引起多糖降解，多糖提取率反而减小。

3. 微波时间对澳洲坚果壳多糖提取效果的影响

在料液比 1∶50（g/mL）、微波功率 300 W 的条件下，随微波时间的延长，多糖提取率逐渐增大，当微波提取时间为 3 min 时，提取率最大，之后再继续延长微波时间，提取率呈下降趋势。出现这种趋势的原因可能是较短时间内，微波对植物细胞壁及细胞膜的破坏作用大，导致细胞内物质大量溶出，多糖提取率显著提高；另外，随着细胞破碎程度越来越大，细胞中其他杂质的溶出也增加，多糖提取率反而下降。

六、澳洲坚果壳总黄酮的提取技术

（一）工艺流程

澳洲坚果壳→烘干→粉碎→过筛→提取→抽滤→澳洲坚果壳总黄酮提取液。

（二）操作要点

1. 烘干、粉碎和过筛

将澳洲坚果壳置于 55℃烘箱中烘干后，用粉碎机粉碎过 60 目筛，得澳洲坚果壳干粉。

2. 提　取

称取一定量的澳洲坚果壳干粉，按照料液比 1∶50（g/mL）加入体积分数为 70% 的乙醇溶液，充分混匀后，放入功率为 400 W 的微波设备中提取 2.5 min。

3. 抽　滤

微波提取完毕，抽滤，滤液即为澳洲坚果壳总黄酮提取液。

（三）澳洲坚果壳总黄酮提取工艺优化

1. 乙醇体积分数对总黄酮提取效果的影响

在微波功率 300 W、微波时间 1.5 min、液料比 40 : 1（mL/g）的条件下，乙醇体积分数在 45% ～ 75%，澳洲坚果壳总黄酮提取率随乙醇体积分数的增大而增大；乙醇体积分数在 75% ～ 85%，澳洲坚果壳总黄酮提取率随乙醇体积分数的增大而减小。因此，最佳乙醇体积分数在 75% 附近，选取乙醇体积分数为 65% ～ 85%。

2. 液料比对总黄酮提取效果的影响

在乙醇体积分数 75%、微波功率 300 W、微波时间 1.5 min 的条件下，液料比在（20 : 1）～（40 : 1）（mL/g），澳洲坚果壳总黄酮提取率随液料比的增大而增大；液料比在（40 : 1）～（60 : 1）（mL/g），澳洲坚果壳总黄酮提取率随液料比的增大而减小。因此，最佳液料比在 40 : 1（mL/g）附近，选取液料比为（30 : 1）～（50 : 1）（mL/g）。

3. 微波时间对总黄酮提取效果的影响

在液料比 40 : 1（mL/g）、乙醇体积分数 75%、微波功率 300 W 的条件下，微波时间在 1 ～ 2 min，澳洲坚果壳总黄酮提取率随微波时间的增加而增大；微波时间在 2 ～ 3 min，澳洲坚果壳总黄酮提取率随微波时间的增加而减小。因此，最佳微波时间在 2 min 附近，选取微波时间为 1.5 ～ 2.5 min 用于优化试验。

4. 微波功率对总黄酮提取效果的影响

在微波时间 2 min、乙醇体积分数 75%、液料比 40 : 1（mL/g）的条件下，微波功率在 200 ～ 300 W，澳洲坚果壳总黄酮提取率随功率的增加而增大；微波功率在 300 ～ 600 W，澳洲坚果壳总黄酮提取率随微波功率的增加而减小。因此，最佳微波功率在 300 W 附近，选取微波功率为 200 ～ 400 W。

第四节　澳洲坚果青皮综合利用技术

目前，澳洲坚果已在我国南部山区广泛种植，年产量约为 9 000 t，其果实主要用于加工开口澳洲坚果壳果，青皮作为其加工副产物，利用率极低，除少量用作沤肥外，绝大部分被随意堆放，腐败后还会造成当地水源与土壤的污染。

澳洲坚果果皮为青绿色，占果实鲜重的 45% ～ 60%，是澳洲坚果初加工后的副产物，有研究表明，澳洲坚果果皮内含有 14% 适于鞣皮的鞣质，并含有 8% ～ 10% 的蛋白质，粉碎后可混作家畜饲料；也含有 1% ～ 3% 的可溶性糖和单宁，可应用于医药、皮革、印染和有机合成工业；同时还含有丰富的酚类物质，并具有较强的抗氧化活性，已广泛应用于食品及化妆品行业。

一、澳洲坚果青皮酚类物质提取

（一）工艺流程

图 6-9　澳洲坚果青皮浸膏

澳洲坚果青皮→烘干→粉碎→过筛→提取（超声波辅助等）→抽滤→浓缩→澳洲坚果青皮浸膏（图 6-9）。

（二）操作要点

1. 烘干、粉碎和过筛

将澳洲坚果青皮置于 55℃烘箱中烘干后，用粉碎机粉碎过 60 目筛，得澳洲坚果青皮粉末。

2. 提　取

称取一定量的澳洲坚果青皮粉末，按照料液比 1∶50（g/mL）加入体积分数为 70% 的乙醇溶液，充分混匀后，进行浸提（或超声波辅助浸提等）。

3. 抽　滤

提取完毕，抽滤，减压浓缩，即得到澳洲坚果青皮浸膏。

（三）干燥方式对澳洲坚果青皮酚类物质的影响

1. 干燥方式对澳洲坚果青皮总酚提取量的影响

有研究表明，澳洲坚果青皮经干燥处理，总酚提取量均有一定程度的降低（图6-10），澳洲坚果青皮经干燥处理后总酚提取量具有显著性差异（$P<0.05$），且真空冷冻干燥与对照组无显著差异（$P<0.05$）。总酚提取量大小依次为：真空冷冻干燥、微波干燥和60℃热风干燥。3种干燥方式处理后总酚提取量出现显著性差异主要与多酚氧化酶有关。真空冷冻干燥是在隔绝氧、低温条件下进行，可以有效抑制多酚氧化酶的活性，从而减少了酚类物质的氧化。采用60℃热风干燥对澳洲坚果青皮进行干燥时，由于较长时间暴露在空气中，多酚氧化酶活性较高，加剧了酚类物质的氧化进程，从而酚类物质提取量较低。微波干燥时间较短，酚类物质与氧接触时间短，氧化还原反应时间少，同时，微波干燥温度较高导致多酚氧化酶部分失活，因此微波干燥后总酚提取量与60℃热风干燥相比较高。

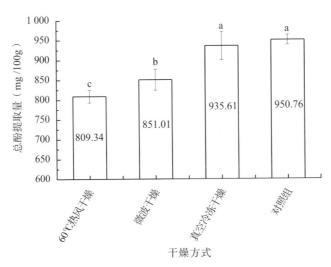

图6-10　干燥方式对澳洲坚果青皮总酚提取量的影响

注：不同小写字母表示差异显著（$P<0.05$），下同。

2. 干燥方式对澳洲坚果青皮多酚抗氧化活性的影响

（1）澳洲坚果青皮提取液对DPPH清除能力的影响。DPPH自由基清除法是评价抗氧化能力常用方法之一。有研究表明，澳洲坚果青皮总酚在 4.0 ～ 12.0 mg/L 浓度范围，其 DPPH 自由基清除能力随浓度的增加而提高；澳洲坚果青皮总酚在同一浓度时，DPPH 清除能力大小依次为真空冷冻干燥 > 微波干燥 > 60℃热风干燥（图 6–11）。有文献报道植物提取物的抗氧化活性与酚类物质有关，因此，影响总酚含量的干燥方法也会影响其抗氧化活性。澳洲坚果青皮经干燥处理后提取物抗氧化能力减弱，这可能是酚类物质在干燥过程不同程度的分解造成的。

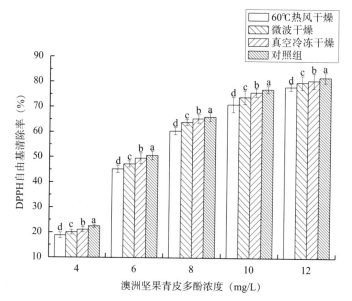

图 6–11　澳洲坚果青皮总酚对 DPPH 自由基的清除作用

（2）澳洲坚果青皮提取液对 ABTS 清除能力的影响。当反应体系中有抗氧化剂存在时，ABTS⁺ 与抗氧化剂自由电子配对发生消色反应，溶液消色越明显，则表示抗氧化剂抗氧化能力越强。有研究表明，澳洲坚果青皮总酚对 ABTS 自由基清除能力与其对 DPPH 清除能力结果相似，且对 ABTS 自由基的清除能力明显弱于对 DPPH 自由基的清除能力，澳洲坚果青皮总酚在 60.0 ～ 140.0 mg/L 浓度范围内，ABTS 自由基清除能力与浓度呈正相关；真空冷冻干燥与微波干燥、60 ℃热风干燥处理后对 ABTS 自由基清除能力分别具有显著性差异（$P<0.05$），且微波干燥与 60℃热风干燥处理后对 ABTS 自由基清除能力没有显著性差异（$P<0.05$）（图 6–12）。

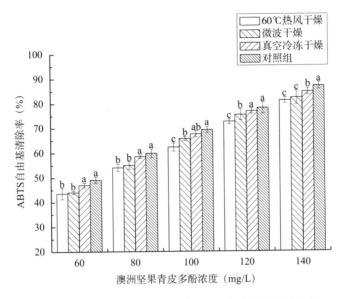

图 6-12　澳洲坚果青皮总酚对 ABTS 自由基的清除作用

（3）澳洲坚果青皮提取液总抗氧化能力的影响。FRAP 法是一种高效快速测定抗氧化物总抗氧化能力的方法，抗氧化物的抗氧化作用主要有 2 种方式：一是直接与自由基发生反应，破坏自由基链；二是与过氧化物前体反应，阻止过氧化物生成。有研究表明（图 6-13）经真空冷冻干燥、微波干燥、60℃热风干燥处

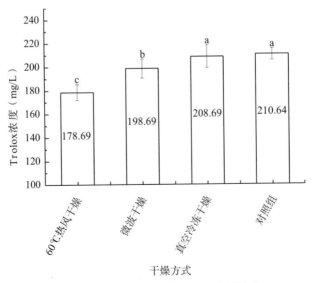

图 6-13　不同干燥方式 Trolox 当量浓度

理后，其总抗氧化能力分别是 Trolox 的 1.74 倍、1.61 倍、1.49 倍；且发现热风干燥与微波干燥处理后提取物总抗氧化能力显著弱于其他干燥方式。

二、高附加值产品开发

1.澳洲坚果油微乳喷雾剂制备

澳洲坚果青皮富含维生素、单宁、熊果苷等功效成分，在消炎、止痒和防裂方面具有很好的作用。澳洲坚果油有助于预防或减少老年人的皮肤干燥、刺激和裂伤，也能用来生产唇膏，用于唇部护理。如果能够将澳洲坚果油的功效与青皮的功效同时利用，会具有较大的市场前景。澳洲坚果油与青皮提取物物理性质相差较大，常规条件下不能混匀互溶，为了提高澳洲坚果油溶解度和分散性，可以引入许多方法，如微乳液、环糊精络合和脂质体包封等输送系统。与其他胶体运载相比，微乳液具有热力学稳定、制备简单、增溶性好、光学透明和低黏度等优势。它是一种由油、水、表面活性剂及助表面活性剂自发形成的热力学系统稳定、光学透明、低黏度，各向同性的，粒径小于 100 nm 的高度分散体系。

近年来微乳化技术被广泛应用于植物油、植物色素以及植物精油等的包埋和运载，不仅可以改善其水溶性，还能大幅度提升储藏稳定性。微乳被大量稀释后，其液滴形态和稳定性基本保持不变，即微乳稳定性越好。通过工艺优选出制备出可无限稀释、澄清透明、稳定性好的水包油（O/W）型微乳液，为进一步与澳洲坚果油青皮提取物混合制备微乳喷雾剂创造了有利条件，并且可结合两者的优点，将其应用于药品和化妆品领域。

澳洲坚果油微乳喷雾剂制备方法包括以下步骤。

（1）制备坚果油纳米微乳液：TW-60 与 PEG-40 质量比 2.5、PEG400 与坚果油质量比 3.5、制备温度 60℃，磁力搅拌均匀，边滴加蒸馏水边高剪切分散，此时为油包水（W/O）型纳米乳，然后经过高压均质机均质 3～5 次，直至形成透明、澄清纳米微乳液。

（2）制备澳洲坚果青皮提取液：添加澳洲坚果青皮粉末 6～10 倍体积分数的 70% 食用酒精，经超声波强化提取后渗滤得到澳洲坚果青皮提取液。

（3）将 20～50 份澳洲坚果青皮提取液与 30～60 份坚果油纳米微乳混合，高剪切分散乳化机 8 000～10 000 r/min 高速剪切 10～30 min，反复过滤处理

3～5次，加入10～25份95%食用酒精，后除菌过滤灌装到喷雾剂瓶中即得坚果油微乳喷雾剂。

2. 其他高附加值产品开发

采用上述提取的澳洲坚果青皮浸膏，其总酚含量高达70%，稀释10倍后的浸膏溶液体外抗氧化能力约为水溶性维生素E的1.7倍，将其作为功效成分添加到护肤品中，并辅以澳洲坚果油（其脂肪酸组成与皮脂及其相似），研制出了澳洲坚果系列护肤品（图6-14），具有较好保湿补水、易吸收、修复皮肤、抗衰老等功效。

图 6-14 澳洲坚果系列护肤品
（日霜、晚霜、防护乳、精华乳、洁面乳、柔肤水、面膜、洗发水、沐浴露）

主要参考文献

艾芳芳，宾俊，钟丹，等，2013.油茶籽油与不同植物油脂肪酸成分的分析比较［J］.中国油脂，38（3）：77-80.

艾静汶，刘功德，黄欣欣，等，2018.澳洲坚果产业发展现状与趋势［J］.食品工业，39（11）：282-285.

蔡达，刘红芝，刘丽，等，2014.不同工艺制备核桃油品质比较及相关性分析［J］.中国油脂，39（3）：80-84

曾黎明，陈显国，陈涛，等，2013.澳洲坚果脱皮机的研制与应用［J］.江苏农业科学，41（2）：378-379.

柴杰，金青哲，薛雅琳，等，2016.制油工艺对葵花籽油品质的影响［J］.中国油脂，41（4）：56-61.

常飞，王绍云，陈飞，2015.贵州野生甜藤多糖的提取与脱蛋白方法研究［J］.天然产物研究与开发，27（2）：294-300.

陈豪，钟俊桢，黄宗兰，等，2019.3种方法提取的澳洲坚果蛋白功能性质与构象的关系［J］.食品科学，40（4）：62-68.

陈玲，孙浩，缪福俊，等，2011.澳洲坚果壳滤料的制备与过滤性能的研究［J］.吉林农业（学术版）（5）：134-135，137.

陈晓，叶明，陈炜，等，2011.山核桃壳棕色素的生物活性及其红外光谱分析［J］.食品科学，32（5）：115-118.

戴伟娣，陶渊博，张燕萍，等，2004.木质原料热解及活性炭结构的研究［J］.林产化学与工业，24（3）：61-64.

邓青，周爱梅，付玉刚，等，2013.菱角壳色素的理化性质及稳定性研究［J］.现代食品科技，29（2）：280-283.

邓祥元，王淑军，李富超，等，2006.天然色素的资源和应用［J］.中国调味品（10）：49-53.

刁卓超，杨薇，李建欢，等，2010.澳洲坚果热风干燥特性研究［J］.食品与机械，26（6）：44-46，78.

刁卓超，2011.澳洲坚里干燥特性及力学特性研究［D］.昆明：昆明理工大学.

董倩倩，赵鑫，倪书邦，2020.澳洲坚果的营养特性与施肥管理途径［J］.中国南方果树，49（1）：149-154.

董英，张艳芳，孙艳辉，2007.水飞蓟粗多糖脱蛋白方法的比较［J］.食品科学，28（12）：82-84.

杜丽清，曾辉，邹明宏，等，2008.澳洲坚果果仁氨基酸含量的差异性分析［J］.经济林研究，26（4）：49-52.

杜丽清，曾辉，邹明宏，等，2009.澳洲坚果果仁中粗脂肪与脂肪酸含量的变异分析［J］经济林研究，27（4）：92-95.

杜丽清，帅希祥，涂行浩，等，2016.澳洲坚果蛋白肽制备工艺及抗氧化活性研究［J］.热带农业工程，40（Z1）：1-6.

杜丽清，帅希祥，涂行浩，等，2016.水剂法提取澳洲坚果油的化学成分及其抗氧化活性研究［J］.食品与机械，32（10）：140-144.

杜丽清，邹明宏，曾辉，等，2010.澳洲坚果果仁营养成分分析［J］.营养学报，32（1）：95-96.

范方宇，黄元波，杨晓琴，等，2018.果壳生物质热解特性与动力学［J］.生物质化学工程，52（6）：8-14.

范方宇，阚欢，刘建琴，等，2011.澳洲坚果蛋白酶解工艺及抗氧化性研究［J］.食品科技，36（12）：230-234.

范三红，刘艳荣，原超，2010.南瓜籽蛋白质的制备及其功能性质研究［J］.食品科学，31（16）：97-100.

范晓波，2016.澳洲坚果油水剂法提取工艺的研究［J］.中国油脂，41（6）：15-18.

冯群，2017.澳洲坚果破壳工艺参数研究及破壳机设计［D］.昆明：昆明理工大学.

龚吉军，2011.油茶粕多肽的制备及其生物活性研究［D］.长沙：中南林业科技大学：2-3.

郭刚军，胡小静，邹建云，等，2012.澳洲坚果饼干加工技术研究［J］.食品科技，37（8）：162-165.

郭刚军，邹建云，胡小静，等，2016.液压压榨澳洲坚果粕酶解制备多肽工艺优化［J］.食品科学，37（17）：173-178.

郭刚军，邹建云，胡小静，等，2017.液压压榨澳洲坚果粕酶解制备多肽工艺优化［J］.食品
科学，37（17）：173-178.

郭刚军，邹建云，徐荣，等，2012.澳洲坚果粕营养成分测定与氨基酸组成评价［J］.食品工
业科技，33（9）：421-423.

郭刚军，邹建云，徐荣，等，2012.调味开口带壳澳洲坚果加工工艺技术条件研究［J］.热带
作物学报，33（11）：2054-2059.

郭晓歌，赵俊廷，陈复生，2008.两种方法提取葵花油料中蛋白质功能特性的研究［J］.河南
工业大学学报（自然科学版），29（1）：20-23.

韩树全，罗立娜，范建新，等，2019.澳洲坚果叶茶的品质特征及挥发性成分分析［J］.热带
作物学报，40（8）：1645-1652.

何凤平，韩树权，范建新，等，2019.澳洲坚果采收和贮藏及相关产品加工研究进展［J］.现
代农业科技（3）：222-224，230.

贺熙勇，倪书邦，2008.世界澳洲坚果种质资源与育种概况［J］.中国南方果树，37（2）：34-
38.

贺熙勇，陶亮，柳觐，等，2015.世界澳洲坚果产业概况及发展趋势［J］.中国南方果树，44
（4）：151-155.

贺熙勇，陶亮，柳觐，等，2015.我国澳洲坚果产业概况及发展趋势［J］.热带农业科技，38
（3）：12-16，19.

贺熙勇，陶亮，柳觐，等，2017.国内外澳洲坚果产业发展概况及趋势［J］.中国热带农业
（1）：4-11，18.

胡珺，魏芳，董绪燕，等，2012.食用油甘油三酯质谱分析方法的研究进展［J］.分析测试学
报，31（6）：749-756.

黄家瀚，朱德明，陈静，1997.澳洲坚果加工综述［J］.热带作物机械化（2）：1-4.

黄静涵，艾斯卡尔·艾拉提，毛健，2011.灵芝多糖的分离纯化及结构鉴定［J］.食品科学，
32（12）：301-304.

黄克昌，郭刚军，邹建云，2017.澳洲坚果带壳果洞道干燥特性及品质变化研究［J］.食品研
究与开发，38（16）：15-19.

黄克昌，郭刚军，邹建云，2017.澳洲坚果果仁干燥 Page 模型的建立及品质变化［J］.食品

科技，42（5）：68-72.

黄克昌，徐荣，郭刚军，等，2011. 用筒仓干燥方法对带壳澳洲坚果质量的研究［J］. 食品工业，32（8）：4-6.

黄克昌，邹建云，马尚玄，等，2018. 不同焙烤条件对澳洲坚果带壳果品质的影响［J］. 热带农业科技，41（3）：27-31.

黄克昌，2003. 澳洲坚果果仁不同含水量破壳效果初步试验［J］. 热带农业科技，26（2）：42-43.

黄克昌，2006. 带皮澳洲坚果不同贮存形式及贮存期对果仁品质的影响［J］. 热带农业科技（1）：17-18.

黄龙芳，1997. 热带食用作物加工［M］. 北京：中国农业出版社，124-152.

黄茂芳，朱冰清，李积华，等，2012-10-03. 一种提取澳洲坚果油的方法：201210211954. 8［P］.

黄小英，2019. 我国澳洲坚果产业发展存在的问题及对策［J］. 乡村科技（1）：42-43.

黄雪松，2016. 澳洲坚果中抗氧化活性物质的研究［C］//中国热带作物学会 2016 年学术年会论文集，中国广西南宁，12-13.

黄宗兰，2015. 澳洲坚果油和蛋白的提取、性质分析及蛋白的初步纯化探索［D］. 南昌：南昌大学.

静玮，苏子鹏，林丽静，2016. 澳洲坚果焙烤过程中挥发性成分的特征分析［J］. 热带作物学报，37（6）：1224-1231.

静玮，苏子鹏，林丽静，2016. 不同焙烤温度和时间对澳洲坚果果仁颜色的影响［J］. 热带农业科学，36（8）：56-61，75.

静玮，苏子鹏，刘义军，等，2016. HS-SPME/GC-MS 测定澳洲坚果焙烤香气成分［J］. 食品工业，37（9）：241-245.

孔维宝，梁俊玉，马正学，等，2011. 文冠果油的研究进展［J］. 中国油脂，36（11）：67-72.

李德海，刘银萍，王蕾，等，2012. 坚果果壳色素的研究进展［J］. 中国林副特产（3）：83-86.

李家兴，王代谷，朱文华，等，2012. 澳洲坚果引种栽培研究［J］. 园艺与种苗（2）：29-31.

李建欢，杨薇，2012. 澳洲坚果热风干燥过程中果壳收缩特性［J］. 农业工程学报，28（11）：268-273.

李里特，1998.食用油脂的生理功能性与油料作物开发［J］.中国食物与营养（2）：7-9.

李瑞，夏秋瑜，赵松林，等，2009.原生态椰子油体外抗氧化活性［J］.热带作物学报，30（9）：1369-1373.

李小华，于新，2010.非洲山毛豆蛋白质组成及其功能特性研究［J］.中国粮油学报，25（7）：43-48.

李艳，郑亚军，2007.杏仁分离蛋白提取工艺的研究［J］.现代食品科技，23（1）：57-59.

李永祥，詹少华，蔡永萍，等，2008.板栗壳色素的提取、纯化及稳定性［J］.农业工程学报，24（9）：298-302.

李永祥，詹少华，樊洪泓，等，2008.板栗壳色素化学性质及结构的初步研究［J］.食品科学，29（12）：51-54.

栗文，张宏，唐玉荣，等，2017.坚果干燥研究现状［J］.林业机械与木工设备，45（10）：4-6，10.

梁燕理，杨湘良，韦素梅，等，2019.澳洲坚果油脂肪酸组成及氧化稳定性分析［J］.粮油食品科技，27（5）：33-36.

林晨，张方圆，吴凌涛，等，2016.气相色谱结合化学计量学分析4种食用植物油的指纹图谱［J］.分析测试学报，35（4）：454-459.

林启模，黄碧中，胡淑宜，2004.热分析法研究磷酸活化法的热解过程木屑添加磷酸与氯化锌热解的DTA/TG曲线比较［J］.林业科学，40（1）：142-147.

林伟忠，1984.差热分析及其应用［J］.杭州化工（3）：16-27，10.

林文秋，杨为海，邹明宏，等，2017.澳洲坚果果皮不同溶剂提取物的含量和抗氧化活性［J］.江苏农业科学，45（1）：171-174.

凌庆枝，袁怀波，高明慧，等，2007.安徽宁国山核桃外果皮色素的性质研究［J］.食品科学，28（10）：64-67.

刘付英，2014.美藤果及美藤果油的理化性质和油脂的脂肪酸组成分析［J］.中国油脂，39（7）：95-97.

刘海军，乐超银，邵伟，等，2010.生物活性肽研究进展［J］.中国酿造，29（5）：5-8.

刘建福，黄莉，2005.澳洲坚果的营养价值及其开发利用［J］.中国食物与营养，2：25-26.

刘建平，王淑怡，吴丽丽，等，2013.响应面法优化皖南山核桃壳棕色素的提取工艺［J］.华东交通大学学报，30（2）：28-32.

刘锦宜，王文林，陈海生，等，2018. 澳洲坚果各部位蜀黍苷含量的测定［J］. 食品工业科技，39（23）：282-285，292.

刘锦宜，王文林，陈海生，等，2018. 澳洲坚果各部位蜀黍苷含量的测定［J］. 食品工业科技，39（23）：282-285，292.

刘锦宜，张翔，黄雪松，2018. 澳洲坚果仁的化学组成与其主要部分的利用［J］. 中国食物与营养，24（1）：45-49.

刘黔英，2018. 我国澳洲坚果研究现状［J］. 热带农业科学，38（3）：75-80.

刘秋月，叶丽君，黄文烨，等，2016. 高效液相色谱法测定澳洲坚果青皮中的 4 种酚类物质［J］. 热带农业科学，36（7）：106-111.

刘小如，张丽美，胡蒋宁，等，2013. 油茶粕多糖的分级纯化及结构研究［J］. 食品科学，34（23）：96-102.

刘晓，陈健，1999. 澳洲坚果的起源、栽培史及国内外发展现状［J］. 西南园艺，27（2）：18-20.

刘晓芳，刘满红，张晓梅，等，2012. 澳洲坚果壳活性炭对 Cr（Ⅵ）的吸附性能［J］. 云南民族大学学报（自然科学版），21（3）：178-181.

刘晓芳，王如阳，叶艳青，等，2008. 澳洲坚果壳制备活性炭的工艺研究［J］. 安徽农业科学（26）：11186-11187.

柳觐，倪书邦，贺熙勇，等，2014. 澳洲坚果果仁中 4 种关键微量元素的 FAAS 法测定［J］. 中国农学通报，30（1）：153-156.

柳荫，吴凤智，陈龙，等，2013. 考马斯亮蓝法测定核桃水溶性蛋白含量的研究［J］. 中国酿造，32（12）：131-133.

卢晓会 .2012. 菜籽肽的制备、分离纯化及其抗氧化活性研究［D］. 扬州：扬州大学 .

芦燕玲，李亮星，魏杰，等，2012. 气质联用法分析澳洲坚果壳的挥发性成分［J］. 化学研究与应用，24（3）：433-436.

陆超忠，曾辉，张汉周，2004. 澳洲坚果品种适应性研究［J］. 果树学报，21（1）：82-84.

陆超忠，杜丽清，2008. 澳洲坚果种质资源描述规范和数据标准［M］. 北京：中国农业出版社：61-79.

陆超忠，肖邦森，孙光明，等，2000. 澳洲坚果优质高效栽培技术［M］. 北京：中国农业出版社：1-6.

马勇，张丽娜，齐凤元，等，2008. 榛子蛋白质提取及功能特性研究［J］. 食品科学，29（8）：318-322.

马云肖，王建新，2004. 几种新型油脂的脂肪酸组成及特性［J］. 粮油食品科技，12（6）：29-31.

毛晓宇，张春雨，陈晓丹，等，2013. 酶解热榨花生粕制备花生多肽的研究［J］. 现代食品科技 29（1）：150-152，166.

倪秀梅. 2003. 坚果的营养及其对心血管疾病危险性的保护作用［J］. 山东食品科技（7）：5-7.

宁平，杨月红，彭金辉，等，2006. 澳洲坚果壳活性炭制备的热解特性研究［J］. 林产化学与工业（4）：61-64.

牛丽影，吴晓琴，张英，2011. 香榧籽油的脂肪酸及不皂化物组成分析［J］. 中国粮油学报，26（6）：52-55.

彭辉. 2019. 不同焙烤条件对澳洲坚果带壳果品质的影响分析［J］. 现代食品（7）：83-86.

彭金辉，樊希安，王尧，等，2004. 微波辐射竹节磷酸法制备活性炭的研究［J］. 林产化学与工业，24（1）：91-94.

彭倩，2018. 澳洲坚果蛋白组分及分离蛋白的理化与功能性质研究［D］. 南昌：南昌大学.

彭日欣，唐清苗，吴子佳，等，2019. 夏威夷果的营养价值及加工制品研究现状［J］. 农产品加工（20）：77-79，82.

彭文书，陈毅坚，钟文武，等，2011. 山竹果壳色素的稳定性及抑菌活性研究［J］. 食品研究与开发，32（12）：55-60.

彭志东，邹建云，郭刚军，2017. 澳洲坚果开口产品规模化生产技术［J］. 热带农业科技，40（3）：10-14，5.

祁鲲，2012. 亚临界溶剂生物萃取技术的发展及现状［J］. 粮食与食品工业，19（5）：5-8.

乔宁，张坤生，任云霞，2014. 绿豆中四种蛋白质的分级提取与功能性质研究［J］. 食品工业科技，35（17）：83-87.

秦卫东，马利华，陈学红，等，2008. 生姜多糖的提取及脱蛋白研究［J］. 食品科学，29（4）：218-220.

卿艳梅，李长友，曹玉华，等，2010. 龙眼力学参数测试与分析［J］. 农业机械学报，41（8）：131-134.

任国平，2014. 不同贮藏条件对薄壳山核桃坚果生理及品质的影响［D］.杭州：浙江农林大学.

石必文，2019. 澳洲坚果开口产品规模化生产技术探讨［J］.现代食品（4）：71-73.

石柳，王金华，熊智，等，2009. 澳洲坚果壳中纤维素和木质素成分分析［J］.湖北农业科学，48（11）：2846-2848.

史宣明，冯贞，鲁海龙，等，2010. 小品种特种油脂的关键加工技术［J］.中国油脂，35（11）：4-6.

帅希祥，杜丽清，张明，等，2017. 超声辅助酶解制备澳洲坚果蛋白肽及其抗氧化活性的研究［J］.热带作物学报，38（11）：2076-2081.

帅希祥，杜丽清，张明，等，2017. 提取方法对澳洲坚果油的化学成分及其抗氧化活性影响研究［J］.食品工业科技，38（15）：1-5，10.

宋德庆，邓干然，薛忠，等，2010. 澳洲坚果破壳技术的发展现状及对策［J］.农机化研究，32（9）：241-244.

宋德庆，薛忠，杨为海，等，2011. 澳洲坚果物理参数试验研究［J］.农机化研究，33（2）：106-109.

宋海云，贺鹏，张涛，等，2018. 澳洲坚果花茶中营养成分和香气分析［J］.食品研究与开发，39（5）：136-140.

宋海云，张涛，贺鹏，等，2019. 不同日期采摘的不同品种澳洲坚果的氨基酸分析［J］.经济林研究，37（2）：82-88，113.

宋长忠，方梦祥，余春江，等，2005. 杉木热解及燃烧特性热天平模拟试验研究［J］.燃料化学学报，33（1）：68-73.

谭秋锦，王文林，韦媛荣，等，2019. 澳洲坚果种质实果实产量相关性状的多样性分析［J］.果树学报，36（12）：1630-1637.

汤慧民，李茂兴，2018. 微波辅助提取核桃壳多糖及其抗氧化活性研究［J］.中国油脂，43（5）：123-126.

田素梅，张晓梅，马艳粉，等，2017. 澳洲坚果乳饮料配方的研究［J］.食品研究与开发，38（7）：94-96.

田素梅，2017. 澳洲坚果乳饮料加工工艺的研究［J］.农产品加工（13）：28-29，32.

涂灿，杨薇，尹青剑，等，2015. 澳洲坚果破壳工艺参数优化及压缩特性的有限元分析［J］.

农业工程学报, 31（16）: 272-277, 315.

涂灿, 2016. 澳洲坚果力学特性研究及破壳机研制［D］. 昆明: 昆明理工大学.

涂行浩, 杜丽清, 帅希祥, 等, 2016. 贮藏温度对澳洲坚果营养品质的影响［C］// 中国食品科学技术学会第十三届年会论文摘要集, 中国北京, 369-370.

涂行浩, 孙丽群, 唐景华, 等, 2019. 澳洲坚果油超声波辅助提取工艺优化及其理化性质［J］. 热带作物学报, 40（11）: 2217-2226.

涂行浩, 张帅中, 唐景华, 等, 2019. 澳洲坚果油微乳体系的构建［J］. 热带作物学报, 40（2）: 359-367.

涂行浩, 张秀梅, 刘玉革, 等, 2015. 澳洲坚果壳色素的理化性质及稳定性研究［J］. 食品科学, 36（15）: 35-39.

涂行浩, 张秀梅, 刘玉革, 等, 2015. 微波辐照澳洲坚果壳制备活性炭工艺研究［J］. 食品工业科技, 36（20）: 253-259, 270.

王教领, 宋卫东, 丁天航, 等, 2019. 澳洲坚果中红外干燥机设计与试验［J］. 食品与机械, 35（8）: 110-114.

王磊, 成雪, 毛学英, 2010. 乳清蛋白及其活性多肽的生物学功能研究进展［J］. 中国农业科技导报, 12（5）: 30-35.

王珊, 黄胜阳, 2012. 植物多糖提取液脱蛋白方法的研究进展［J］. 食品科技, 37（9）: 188-191.

王诗琪, 何邦贵, 冯群, 等, 2019. 澳洲坚果破壳最佳工艺参数研究［J］. 包装工程, 40（3）: 38-45.

王树荣, 廖艳芬, 谭洪, 等, 2003. 纤维快速热裂解机理实验研究: 机理分析［J］. 燃料化学学报, 31（4）: 317-321.

王顺利, 任秀霞, 薛璟祺, 等, 2016. 牡丹籽油成分、功效及加工工艺的研究进展［J］. 中国粮油学报, 31（3）: 139-146.

王同珍, 余林, 邱思聪, 等, 2015. 气相色谱－质谱技术结合化学计量学对 6 种植物油进行判别分析［J］. 分析测试学报, 34（1）: 50-55.

王巍, 李金龙, 王丽静, 等, 2007. 坚果类食品过氧化值测定的影响因素分析［J］. 食品科学, 28（10）: 484-486.

王文林, 陆超忠, 曾辉, 等, 2008. 我国澳洲坚果的研究及发展［J］. 中国热带农业（3）:

24-25.

王文林，赵静，秦斌华，等，2013.澳洲坚果脂肪酸成分分析［J］.热带农业工程，37（1）：1-3.

王小煌，2019.基于澳洲坚果蛋白／壳聚糖盐酸盐复合物稳定的澳洲坚果油粉末制备及其性质研究［D］.南昌大学.

王孝平，邢树礼，2009.考马斯亮蓝法测定蛋白含量的研究［J］.天津化工，23（3）：40-42.

王新忠，王敏，2008.银杏种核力学特性试验［J］.农业机械学报，39（8）：84-88.

王云阳，张丽，王绍金，等，2012.澳洲坚果果仁粉水分解吸-吸附等温线的测定与分析［J］.农业工程学报，28（22）：288-292.

王云阳，2012.澳洲坚果射频干燥技术研究［D］.杨凌：西北农林科技大学.

韦文广，杨俊，吕谕昆，等，2019.澳洲坚果油和果仁的脂肪酸测定［J］.食品安全导刊（3）：70-72.

魏绍云，齐慧玲，王继伦，等，2000.苯酚－硫酸法测定白及多糖［J］.天津化工（3）：35-36.

魏长宾，刘胜辉，臧小平，等，2008.澳洲坚果油脂肪酸组成分析［J］.中国油脂，33（9）：75-76.

伍善广，赖泰君，孙建华，等，2011.蚕蛹多糖脱蛋白方法研究［J］.食品科学，32（14）：21-24.

熊家艳，邓利玲，范超敏，等，2012.黔江肾豆蛋白质提取工艺优化及其功能性质研究［J］.食品科学，33（18）：25-31.

熊拯，陈敏娥，张炳亮，2013.油茶籽粕蛋白质提取工艺及功能特性研究［J］.粮油食品科技，21（1）：27-30.

许良，叶丽君，邱瑞霞，等，2015.亚临界丁烷萃取澳洲坚果油的工艺及品质研究［J］.中国粮油学报，30（6）：79-83.

许良，2015.亚临界丁烷萃取澳洲坚果油及脱脂粉多糖的纯化研究［D］.广州：暨南大学.

许泽宏，谭建红，张霞，等，2006.核桃外皮天然食用色素的提取与理化性质［J］.四川师范大学学报（自然科学版），29（4）：488-490.

薛忠，郭向明，黄正明，等，2014.澳洲坚果的多因素压缩试验研究［J］.西南农业学报，27（3）：1269-1273.

薛忠，郭向明，宋德庆，等，2013.澳洲坚果破壳机正弦机构设计与试验研究［J］.中国农机化学报，34（3）：200-203.

薛忠，黄正明，郭向明，等，2014.澳洲坚果剪切力学性能试验［J］.中国农机化学报，35（2）：85-88，135.

薛忠，宋德庆，王刚，等，2018-09-29.一种双通道澳洲坚果破壳装置及破壳方法：中国，201610476094.9［P］.

薛忠，王槊，范建新，等，2019.澳洲坚果冲剪破壳试验研究［J］.山西农业大学学报（自然科学版），39（2）：93-97.

杨金娥，黄庆德，周琦，等，2013.冷榨和热榨亚麻籽油挥发性成分比较［J］.中国油料作物学报，35（3）：321-325.

杨瑾，2012.山核桃饼粕蛋白质提取纯化工艺及其功能特性的研究［D］.合肥：安徽农业大学.

杨磊，陈成海，陈静，等，2001.国内外澳洲坚果加工工艺与设备的现状及对策［J］.热带农业工程，25（1）：5-8.

杨湄，刘昌盛，周琦，等，2010.加工工艺对菜籽油主要挥发性风味成分的影响［J］.中国油料作物学报，32（4）：551-557.

杨申明，范树国，文美琼，等，2016.微波辅助提取澳洲坚果壳多糖的工艺优化及抗氧化性评价［J］.食品科学，37（10）：17-22.

杨申明，王振吉，韦薇，等，2016.微波辅助提取澳洲坚果壳总黄酮的工艺优化及其抗氧化活性［J］.粮食与油脂，29（8）：80-84.

杨为海，张明楷，邹明宏，等，2012.澳洲坚果不同种质果仁粗脂肪及脂肪酸成分的研究［J］.热带作物学报，33（7）：1297-1302.

杨为海，张明楷，邹明宏，等，2016.澳洲坚果不同种质果仁矿质元素含量分析［J］.中国粮油学报，31（12）：158-162.

杨新周，郝志云，田先娇，等，2019.澳洲坚果壳吸附3种阳离子染料的研究［J］.热带作物学报，40（7）：1387-1392.

叶丽君，许良，邱瑞霞，等，2015.澳洲坚果仁油的品质特性及其氧化稳定性的研究［J］.中国粮油学报，30（7）：42-47.

佚名，2018.改革促发展　创新迎未来——中国热带农业科学院南亚热带作物研究所［J］.果树学报, 35（10）: 1310.

张东生, 薛雅琳, 金青哲, 等, 2014. 精炼过程对油茶籽油品质影响的研究［J］. 中国油脂, 39（9）: 18-22.

张汉周, 杨为海, 张明楷, 等, 2014. 澳洲坚果果皮矿质元素含量分析［J］. 湖北农业科学, 53（21）: 5179-5183.

张汉周, 张明楷, 刘遂飞, 等, 2015. 澳洲坚果不同种质果皮内含物含量的研究［J］. 热带作物学报, 36（3）: 541-545.

张弘, 郑华, 陈军, 等, 2008. 胭脂虫红色素稳定性研究［J］. 食品科学, 29（11）: 59-64.

张嘉怡, 杜冰, 谢蓝华, 等, 2013. 绿色新资源食品——美藤果油［J］. 中国油脂, 38（7）: 1-4.

张敏, 周梅, 王长远, 2013. 米糠4种蛋白质的提取与功能性质［J］. 食品科学, 34（1）: 18-21.

张明, 杜丽清, 马飞跃, 等,［2020-03-02］. 超声辅助提取澳洲坚果青皮总黄酮工艺优化及抗氧化性能研究［J/OL］. 热带作物学报: 1-16. http://kns.cnki.net/kcms/detail/46.1019. S.20191216.0950.004.html.

张明, 帅希祥, 杜丽清, 等, 2017. 澳洲坚果青皮多酚提取工艺优化及其抗氧化活性［J］. 食品工业科技, 38（22）: 195-199.

张明, 帅希祥, 杜丽清, 等, 2018. 干燥方式对澳洲坚果青皮酚类物质提取量及抗氧化活性的影响［J］. 热带作物学报, 39（4）: 785-790.

张明楷, 杨为海, 曾辉, 等, 2011. 澳洲坚果果皮中主要功能性成分分析［J］. 热带农业科学, 31（5）: 73-75.

张谦益, 包李林, 熊巍林, 等, 2017. 浓香菜籽油挥发性风味成分的鉴定［J］. 粮食与油脂, 30（3）: 78-80.

张涛, 宋海云, 贺鹏, 等, 2019. 开口带壳澳洲坚果的开口效果与营养成分的相关性分析［J］. 食品研究与开发, 40（12）: 11-18.

张显波, 李家兴, 王代谷, 等, 2010. 澳洲坚果在贵州南亚热区的适应性及发展前景［J］. 中国热带农业（5）: 40-42.

张翔, 李星星, 黄雪松, 2019. 澳洲坚果糖蛋白的分离纯化及其体外抗氧化能力［J］. 食品与发酵工业, 45（5）: 145-150.

张兴灿, 2012. 核桃蛋白多肽新型酶解制备工艺的研究［D］. 昆明: 昆明理工大学.

赵静，唐君海，王文林，等，2013. 澳洲坚果营养成分分析［J］. 农业研究与应用（4）：24-25.

赵世光，张焱，杨超英，等，2012. 酶法水解芝麻粕制备芝麻多肽［J］. 中国油脂，37（11）：28-31.

中国食品工业协会，2019. 坚果籽类食品质量等级第 4 部分：生干澳洲坚果（夏威夷果）和仁：T/CNFIA 005.4—2019［S］. 北京：中国标准出版社.

中国已成世界第二大坚果生产国［J］. 中国食品学报，2018，18（10）：68.

中华人民共和国国家林业和草原局，2019. 澳洲坚果　果仁：LY/T 1963—2018［S］. 北京：中国标准出版社.

中华人民共和国国家卫生和计划生育委员会，2016. 食品安全国家标准　食品中过氧化值的测定：GB 5009.227—2016［S］. 北京：中国标准出版社.

中华人民共和国国家卫生和计划生育委员会，2016. 食品安全国家标准　食品中酸价的测定：GB 5009.229—2016［S］. 北京：中国标准出版社.

中华人民共和国国家卫生和计划生育委员会，2016. 食品安全国家标准　食品中脂肪酸的测定：GB 5009.168—2016［S］. 北京：中国标准出版社.

中华人民共和国国家质量监督检测检疫总局（云南省质量技术监督局），2010. 澳洲坚果生产技术规程：DB53/T 307—2010［S］. 北京：中国标准出版社.

中华人民共和国国家质量监督检测检疫总局，2016. 出口食品中常见过敏原 LAMP 系列检测方法　第 8 部分：澳洲坚果：SN/T 4419.8—2016［S］. 北京：中国标准出版社.

中华人民共和国农业部，2003. 澳洲坚果　果仁：NY/T 693—2003［S］. 北京：中国标准出版社.

中华人民共和国农业部，2009. 澳洲坚果种质资源鉴定技术规范：NY/T 1687—2009［S］. 北京：中国标准出版社.

中华人民共和国农业农村部，2018. 澳洲坚果　带壳果：NY/T 1521—2018［S］. 北京：中国标准出版社.

周程，邹建云，李文华，等，2009. 云南澳洲坚果采收、贮藏与加工技术［J］. 热带农业科技，32（3）：18-19，22.

朱冰清，2013. 澳洲坚果油提取及其纳米乳口服液的研究［D］. 武汉：华中农业大学.

朱明英，2005. 澳洲坚果不同包装方式和贮存期的品质变化观测［J］. 热带农业科技，28

（2）：13-15.

朱桃花，范璐，钱向明，等，2011. HPLC 分析植物油脂甘油三酯结构组成的研究现状［J］. 中国油脂，36（5）：59-63.

朱玉昌，焦必宁，2005. ABTS 法体外测定果蔬类总抗氧化能力的研究进展［J］. 食品与发酵工业，8（31）：77-80.

邹建云，郭刚军，徐荣，2014. 不同包装方式开口带壳澳洲坚果储存过程中品质变化研究［J］. 食品工业，35（8）：152-155.

邹建云，郭刚军，2013. 澳洲坚果果仁加工工艺条件研究［J］. 热带作物学报，34（11）：2295-2300.

Acheampong-boateng O, Mikasi M S, Benyi K, et al., 2008. Growth performance and carcass charac-teristics of feedlot cattlefed different levels of macadamia oil cake [J]. Tropical Animal Health and Production, 40(3): 175-179.

Akinsanmi O A, Drenth A, 2016. Sustainable control of husk spot of macadamia by cultural practices [J]. Acta horticulturae (4): 231-236.

Blin X, Guillard S, 2010. Cosmetic composition comprising macadamia oil and awax: France, EP2224899A2 [P].

Bora P S,Ribeiro D, 2004. Note:influence of pH on the extraction yield and functional properties of macadamia (*Macadamia integrofolia*) protein isolates [J]. Food Science and Technology International, 10(4): 263-267.

Borompichaichartkul C, Luengsode K,Chinprahast N, et al., 2009. Improving quality of macadamia nut through the use of hybrid drying process [J]. Journal of Food Engineering, 93(3): 348-353.

Chung M T M, Furutani S C, 1989. Microwave drying of macadamia nuts [J]. American Society of Agricultural Engineers, 5(4): 565-567.

Curb J D,Wergowske G, Dobbs J C, et al., 2000. Serum lipid effects of a high-monounsaturated fat diet based on macadamia nuts [J]. Archives of Internal Medicine, 160 (8): 1154-1158.

Dahler J,Mcconchie C, Turnbull C, 1995. Quantification of cyanogenic glycosidesin seedlings of three macadamia species [J]. Australian Journal of Botany, 43 (6):619.

Fourie P C,Basson D S, 1990. Sugar content of almond,pecan,and macadamia nuts [J]. Journal of Agricultural and Food Chemistry, 38 (1): 101-104.

Gantg L D, Ying X, 1993. Mechanusm for detecting partrally busked macadamia nuts [J]. Journal of Agriculteral Engineering Research, 54 (2): 174.

Hardner C M, Peace C, Lowe A J, et al., 2009. Genetic resources and domestication of Macadamia [J]. Horticultural Reviews (35): 1-125.

Jitngarmkusol S, et al., 2008. Chemical compositions,functional properties, and microstructure of defatted macadamia flours [J]. Food Chemistry, 110(1): 23-30.

Kaijser A, Dutta P, Savage G, 2000. Oxidative stability and lipid composition of macadamia nuts grown in New Zealand [J]. Food Chemistry, 71 (1): 67-70.

Karimaei S, Hanan J. 2016. Carbohydrate sources for macadamia shoot development [J]. Acta horticulturae (10): 61-66.

Kornsteiner M, Wagner K H, Elmadfa I, 2006. Tocopherols and total phenolics in 10 different nut types [J]. Food Chemistry, 98(2): 381-387.

MaroL A C, PioR, Penoni Edos S, et al., 2012. Chemical characterization and fatty acids profile in macadamia walnut cultivars [J]. CiênciaRural, 42 (12): 2166-2171.

Mayer D G, Stephenson R A, 2016. Statistical forecasting of the Australian macadamia cropt [J]. Acta horticulturae, (4): 265-270.

Moodley R, Kindness A, Jonnalagadda S B, 2007. Elemental composition and chemical character-istics of five edible nuts (almond, Brazil, pecan, macadamia and walnut) consumedin Southern Africa [J]. Journal of Environmental Science and Health, 42(5): 585-591.

Munro I A, Garg M L, 2009. Nutrient composition and health beneficial effects of macadamia nuts | NOVA. The University of Newcastle's Digital Repository [M]. CRC Press.

Neal J M, Russell D M, Giles J, et al., 2016. Assessing nut germination protocols for macadamia cultivar Beaumont [J]. Acta horticulturae, 4:189-196.

Pankaew P, Janjai S, Nilnont W, et al., 2016. Moisture desorption isotherm diffusivity and finite element simulation of drying of macadamia nut [J]. Food and Bioproducts Processing, (100): 16-24.

Pezoti J O, Cazetta A, Lgomes R C, et al., 2014. Synthesis of $ZnCl_2$-activated carbon from macada-mia nut endocarp by microwave-assisted pyrolysis Optimization using RSM and methylene blue adsorption [J]. Journal of Analytical and Applied Pyrolysis (105): 166-176.

Phosa M A, 2009. The nutritive value of macadamia oil cake meal and wood ash as alternative feeding redients for chickens in rural areas [D]. Pretoria:Universityof Pretoria.

Quinn L A, Tang H H, 1996. Antioxidant properties of phenolic compounds in macadamia nuts [J]. Journal of the American Oil Chemists' Society, 73(11): 1585-1588.

Ros E, 2010. Health benefits of nut consumption [J]. Nutrients, 2(7): 652-682.

Sandra L B Navarro,Christianne E Rodrigues, 2016. Macadamia oil extraction methods and uses for the defatted meal byproduct [J]. Trends in Food Science & Amp;Technology (54): 148-154.

Sinanoglou V, Jkokkotou K, Fotakis C, et al., 2014. Monitoring the quality of γ-irradiated macadamia nuts based on lipid profile analysis and chemometrics. Traceability models of irradiated samples [J]. Food Research International (60): 38-47.

Srichamnong W, Srzednicki G, 2015. Internal discoloration of various varieties of macadamia nuts as influenced by enzymatic browning and Maillard reaction [J]. Scientia Horticulturae, (192): 180-186.

Termizi A A A, Hardner C M, Batley J, et al., 2016. SNP analysis of *Macadamia integrifolia* chloroplast genomes to determine the genetic structure of wild populations [J]. Acta horticulturae (4): 175-180.

Wall M M, Gentry T S, 2007. Carbohydrate composition and color development during drying and roasting of macadamia nuts (*Macadamia integrifolia*) [J]. LWT-Food Science and Technology, 40 (4): 587-593.

White N, Hanan J, 2016. A model of macadamia with application to pruning in orchards [J]. Acta horticulturae (12): 75-81.